Das Energiebündel

ew - das magazin für die energie wirtschaft
Management-Informationen zu den Themen Strom, Gas, Öl, Kohle, regenerative Energien, Wirtschaft, Technik, Politik, Verbände, Handel und Marketing. 24 x jährlich kompetent informiert - auch über Ihren Fachbereich hinaus.
Jahresabonnement
€ 283,-

Es gibt keine Alternative. Vom Top-Manager bis zum Azubi, von der Strom- und Fernwärmeerzeugung bis zur Energieanwendung informieren die VWEW-Fachzeitschriften alle Zielgruppen über ihr Thema.

STROMPRAXIS
Das Fachmagazin für Elektrohandwerk, -handel und -beratung informiert monatlich über sinnvolle Energieanwendung, Technik, Markt und Marketing.
Jahresabonnement
€ 42,-

EuroHeat&Power
Die führende europäische Fachzeitschrift für Kraft-Wärme-Kopplung, Nah-/Fernwärme und Contracting.
1 x monatlich Top-Informationen aus der Branche.
Jahresabonnement
€ 143,-

☐

Englische Ausgabe der EuroHeat&Power
Vier Ausgaben im Jahr
Eine Ausgabe pro Quartal
Jahresabonnementpreis
€ 65,-

netzpraxis
Magazin für Energieversorgung mit den Themen Planung, Bau, Betrieb und Service.
Monatlich aktuell, kompetent und praxisbezogen.
Jahresabonnement
€ 52,-

☐

☐

Abonnementpreise 2005 inkl. Mehrwertsteuer, zuzüglich Versandkosten.

Bestellen Sie jetzt:

☐ **Ihr Abonnement**   ☐ **Ihr(e) Probeheft(e)** kostenlos und unverbindlich   ☐ **Ihre Mediainformationen** mit Themen- und Terminplan

Gewünschte(n) Titel bitte oben ankreuzen!

Name

Firma

Straße

PLZ/Ort

Datum/Unterschrift

VWEW Energieverlag GmbH
Rebstöcker Straße 59
D-60326 Frankfurt am Main

Telefon: 0 69/63 04 - 328
Telefax: 0 69/63 04 - 451
Internet: http://www.vwew.de

Fax: 069/6304-451

Anlagentechnik für elektrische Verteilungsnetze

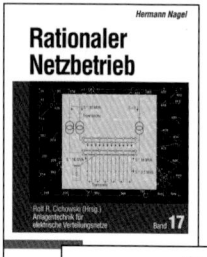
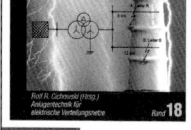

Die aktuelle Fachbuchreihe zu den Bereichen Technik, Sicherheitstechnik, Gesetzgebung, Wirtschaftlichkeit, Versorgungssicherheit, Umweltschutz, Raumplanung und Kundenanforderungen.

- Erfahrene Spezialisten schreiben übersichtlich und leicht verständlich „aus der Praxis für die Praxis".
- Hoher Anteil an Fotos, Checklisten, Tabellen, Bildern und Textzusammenfassungen.
- Für die Aus- und Weiterbildung ebenso geeignet wie zum Nachlesen für die tägliche Praxis.
- Überall „einsetzbar" durch das praktische Format und die Ausstattung als Taschenbuch: bei der Planung am Schreibtisch, in der Werkstatt und „vor Ort".

Alle wichtigen Themen- und Aufgabengebiete in der Anlagentechnik werden in Einzelbänden behandelt. Jeder Band ist thematisch abgeschlossen. Die gesamte Buchreihe bildet ein umfassendes Nachschlagewerk.

Hrsg. von Dipl.-Ing. Dipl.-Wirtschaftsing. R.R. Cichowski
Format 11 x 17 cm, mit zahlreichen Abbildungen, Tabellen und Grafiken, broschiert

Zur Zeit lieferbare Bände:

- Bd. 2 Arbeitssicherheit
- Bd. 3 Freileitung
- Bd. 4 Qualitätsmanagement
- Bd. 5 Transformatoren
  (Neu: 2. Auflage 2005)
- Bd. 6 Erdungsanlagen
- Bd. 7 Fehlerortung
- Bd. 8 Systematische Netzplanung
- Bd. 9 Netzdokumentation
- Bd. 10 Straßenbeleuchtung
- Bd. 11 Werterhaltung Holz
- Bd. 12 Instandhaltung
- Bd. 13 Netzschutztechnik
- Bd. 14 Netzrückwirkungen
  (Neu: 2. Auflage 2005)
- Bd. 15 Sternpunktbehandlung
- Bd. 16 Entsorgung
- Bd. 17 Rationaler Netzbetrieb
- Bd. 18 Kurzschlussstromberechnung
- Bd. 20 Netzleittechnik – Teil 1: Grundlagen
- Bd. 21 Netzleittechnik – Teil 2: Systemtechnik

Weitere Bände in Vorbereitung!

Anlagentechnik
für elektrische Verteilungsnetze

Band 5

Rolf R. Cichowski

Dipl.-Ing., Dipl.-Wirtsch.-Ing. MBA Rolf Rüdiger Cichowski (Jahrgang 1945) hat sich als Mitarbeiter der Vereinigten Elektrizitätswerke Westfalen AG (VEW), Dortmund nach Tätigkeiten in der elektrotechnischen Planung und dem Betrieb im Bereich „Verteilungsnetze" als Leiter der Abteilung Netzanlagen über mehrere Jahre mit der Regelsetzung und den qualitativen Anforderungen aus den verschiedenen Bereichen an elektrische Anlagen und Betriebsmittel für das Versorgungsgebiet der VEW beschäftigt. Danach war er einige Jahre Leiter der „Elektrischen Verteilung" bei der Mitteldeutschen Energieversorgung AG (MEAG) in Halle/Saale. In den Jahren 1994 und 1995 war der Herausgeber Geschäftsführer der Energieversorgung Industriepark Bitterfeld/Wolfen GmbH (EVIP).

1995 stieg er in die Telekommunikation ein und leitete als Geschäftsführer bis zum Jahr 2000 die VEW TELNET in Dortmund, einem Regional-Carrier und Tochterunternehmer der VEW Energie AG. Danach war er ein Jahr als Leitender Consultant bei der DETECON GmbH, Bonn tätig, einem Tochterunternehmer der Deutschen Telekom. Zur Zeit ist er Geschäftsführer der SSS – Starkstrom- und Signal-Baugesellschaft mbH mit Sitz in Essen.

Janus/Nagel

Transformatoren

2. Auflage 2005

Herausgeber
Rolf R. Cichowski

Anlagentechnik für
elektrische Verteilungsnetze

Band 5

VDE VERLAG GMBH • Berlin • Offenbach
VWEW Energieverlag GmbH

© 2005 VWEW Energieverlag, Frankfurt am Main

VWEW Energieverlag GmbH
Rebstöcker Straße 59
D-60326 Frankfurt am Main

ISBN-10: 3-8022-0814-5
ISBN-13: 978-3-8022-0814-0

VDE VERLAG GMBH
Bismarckstraße 33
D-10625 Berlin

ISBN-10: 3-8007-2921-0
ISBN-13: 978-3-8007-2921-X

Geleitwort zur Buchreihe

„Wer aufhört zu lernen, ist alt! Er mag zwanzig oder achtzig sein!" Mit diesem Ausspruch hat Henry Ford bereits zu seiner Zeit die Notwendigkeit der Weiterbildung unterstrichen und deren Bedeutung für den einzelnen hervorgehoben. Um wieviel mehr ist beim derzeitigen Tempo des technischen Fortschritts Weiterbildung ein Gebot der Stunde. Wer heute einen technischen Beruf ausübt, sieht sich schnelllebigen Veränderungen ausgesetzt mit ständig neuen Anforderungen. Sein Wissen von heute ist morgen zum Teil überholt. Die Bereitschaft, lebenslang Lernender zu sein, ist für den Techniker Voraussetzung zum beruflichen Erfolg und zum zukunftssicheren Arbeitsplatz.

Nicht nur der Forscher und Entwickler, auch der Praktiker, ob Führungskraft oder Ausführender vor Ort, muss sich der Weiterbildung durch Lektüre von Fachliteratur und durch Teilnahme an Vorträgen, Seminaren und Fachtagungen stellen und sich über das seinen Arbeitsbereich betreffende Wissen auf dem laufenden halten. Das kostet Engagement und Zeit. Für Autoren, Ausbilder und Referenten ergibt sich die Forderung nach möglichst effizienter Wissensvermittlung. So ist es ein Qualitätsmaßstab für jede Fachliteratur, dass sie nicht allein vom fachlichen Inhalt her korrekt ist – das ist eine Selbstverständlichkeit –; gute Fachliteratur zeichnet sich aus durch übersichtliche Gestaltung und flüssigen und leicht verständlichen Stil. Die vorliegende Buchreihe orientiert sich an diesem Anspruch.

Lassen Sie mich das eingangs genannte Zitat von Henry Ford durch die aktuelle Feststellung ergänzen: „Weiterbildung ist für alle Unternehmen des Elektro- und Energiebereichs und deren Mitarbeiter eine Herausforderung für das neue Jahrtausend."

Unter diesem Motto wünsche ich der vorliegenden Buchreihe viel Erfolg. Möge sie ihren Beitrag leisten zur Weiterbildung der in elektrischen Verteilungsnetzen tätigen Praktiker.

Dipl.-Ing. Klockhaus,
RWE Energie AG, Essen

Vorwort des Herausgebers der Fachbuchreihe

Sehr geehrter Leser, lieber Fachkollege, Ihnen liegt die Fachbuchreihe „Anlagentechnik für elektrische Verteilungsnetze" vor. Sie haben sich für den Ihnen vorliegenden Band oder gar für die gesamte Fachbuchreihe entschieden und nutzen diese Bücher zur Unterstützung Ihrer praktischen Arbeit. Dafür gilt Ihnen von mir als Herausgeber dieser Fachbuchreihe mein herzlichster Dank, beweist Ihr Interesse doch, dass das Vorhaben, ein solches Werk für diesen Fachbereich schaffen zu wollen, richtig war.

Die Anforderungen an elektrische Anlagen und Betriebsmittel für Verteilungsnetze nehmen ständig aus verschiedenen Bereichen zu, wie der Gesetzgebung, der Sicherheitstechnik, der Ökonomie, der Zuverlässigkeit des Umweltschutzes, der Raumplanung und der Kundenanforderungen. Die Technik der Verteilungsnetze und damit die Anlagentechnik in öffentlichen Netzen und in Industrienetzen ist schon längst nicht mehr eine statische Angelegenheit, sondern die Fachleute dieser Technik sind gefordert, ständig sich verändernden Gegebenheiten anpassen zu müssen.

Selbstverständlich stehen bereits andere Fachbücher für elektrische Anlagen oder einzelne Betriebsmittel zur Verfügung. Mit dieser Fachbuchreihe möchten die Autoren, die Verlage und ich als Herausgeber Ihnen als Leser jedoch etwas Neues bieten:
- Die Thematik wird zusammenfassend als eine Fachbuchreihe angeboten, in der zum einen die wesentlichen Bestandteile der Anlagentechnik und zum anderen wichtige Tätigkeitsbereiche, wie die Qualitätssicherung, behandelt werden.
- Jeder Band ist für sich abgeschlossen und somit auch für den Leser einzeln anwendbar.
- Die Autoren sind jeweils Spezialisten der einzelnen Themenbereiche und stellen somit kompetent dem Leser ihr Wissen zur Verfügung.
- Die Fachbuchreihe kann dem Leser als Weiterbildungs- bzw. in ihrer Gesamtheit als Nachschlagewerk dienen.
- Auf theoretische Abhandlungen ist möglichst zugunsten von Darlegungen aus bzw. für die Praxis verzichtet worden.
- Es ist jeweils der neueste Stand der Technik berücksichtigt; alte Techniken werden nur erwähnt, wenn es zum Verständnis erforderlich erscheint.

- Zur Unterstützung der verbalen Aussagen ist der Anteil an Fotos, Checklisten, Tabellen, Bildern und Textzusammenfassungen gegenüber anderen Fachbüchern erhöht worden.
- Die äußere Gestaltung als Taschenbuch ist bewusst so gewählt, damit dem Praktiker die Anwendung erleichtert wird. (Benutzen nicht nur am Schreibtisch, sondern u. U. auch in der Werkstatt, an der Baustelle oder im Gespräch mit anderen Fachkollegen.)

Ich darf den Autoren für ihre intensive Arbeit und ihr Bemühen, aus der Praxis für die Praxis zu schreiben, recht herzlich danken.

Mein Dank gilt auch den beiden Verlagen, die es meines Erachtens durch ihre Kooperation für dieses Werk erreicht haben, dass diese Buchreihe einen großen Leserkreis erreicht.

Meinen besonderen Dank möchte ich der Verlagsleitung des VWEW-Verlages aussprechen, die meine Idee zur Schaffung dieses Werkes nicht nur sofort aufgegriffen, sondern auch die praktische Umsetzung initiativ bis zum Erscheinen dieser Bücher betreuend begleitet hat. Für die redaktionelle bzw. organisatorische Bearbeitung sei Frau Jungekrüger, VWEW-Verlag, gedankt.

Rolf R. Cichowski, Holzwickede

Inhaltsverzeichnis

1 Einleitung ⎯⎯⎯⎯⎯⎯⎯⎯⎯⎯⎯⎯⎯⎯⎯ 13

2 Grundbegriffe ⎯⎯⎯⎯⎯⎯⎯⎯⎯⎯⎯⎯⎯ 15
   2.1 Schaltungsarten ⎯⎯⎯⎯⎯⎯⎯⎯⎯⎯⎯ 15
   2.2 Kennzahlen ⎯⎯⎯⎯⎯⎯⎯⎯⎯⎯⎯⎯⎯ 16
   2.3 Schaltgruppen ⎯⎯⎯⎯⎯⎯⎯⎯⎯⎯⎯⎯ 16
   2.4 Stelltransformatoren ⎯⎯⎯⎯⎯⎯⎯⎯⎯⎯ 17
   2.5 Kurzschlussspannung ⎯⎯⎯⎯⎯⎯⎯⎯⎯⎯ 17
   2.6 Transformatorenverluste ⎯⎯⎯⎯⎯⎯⎯⎯⎯ 18
        2.6.1 Lastunabhängige Verluste ⎯⎯⎯⎯⎯⎯ 18
        2.6.2 Lastabhängige Verluste ⎯⎯⎯⎯⎯⎯⎯ 18
   2.7 Kühlungsarten ⎯⎯⎯⎯⎯⎯⎯⎯⎯⎯⎯⎯ 18
   2.8 Zulässige Übertemperaturen ⎯⎯⎯⎯⎯⎯⎯ 19
   2.9 Geräusche ⎯⎯⎯⎯⎯⎯⎯⎯⎯⎯⎯⎯⎯⎯ 19
   2.10 Parallelschaltung von Transformatoren ⎯⎯⎯ 21

3 Normen ⎯⎯⎯⎯⎯⎯⎯⎯⎯⎯⎯⎯⎯⎯⎯⎯ 23
   3.1 Nationale Normen ⎯⎯⎯⎯⎯⎯⎯⎯⎯⎯⎯ 23
   3.2 Internationale Normen ⎯⎯⎯⎯⎯⎯⎯⎯⎯ 23
        3.2.1 ISO ⎯⎯⎯⎯⎯⎯⎯⎯⎯⎯⎯⎯⎯⎯ 24
        3.2.2 IEC ⎯⎯⎯⎯⎯⎯⎯⎯⎯⎯⎯⎯⎯⎯ 24
   3.3 Europäische Normung ⎯⎯⎯⎯⎯⎯⎯⎯⎯⎯ 24
        3.3.1 CEN/CENELEC ⎯⎯⎯⎯⎯⎯⎯⎯⎯⎯ 24
   3.4 Normen für Transformatoren ⎯⎯⎯⎯⎯⎯⎯⎯ 25

4 Beschaffung von Transformatoren ⎯⎯⎯⎯⎯⎯ 27
   4.1 Ausschreibung ⎯⎯⎯⎯⎯⎯⎯⎯⎯⎯⎯⎯ 27
   4.2 Angebotsvergleich ⎯⎯⎯⎯⎯⎯⎯⎯⎯⎯⎯ 28
   4.3 Auswahl des Lieferanten ⎯⎯⎯⎯⎯⎯⎯⎯⎯ 29
   4.4 Abnahme des Transformators ⎯⎯⎯⎯⎯⎯⎯ 29

5 Planung des Einsatzes von Transformatoren — 31
5.1 Wirtschaftsmathematische Voraussetzungen — 31
- 5.1.1 Berechnung der Verluste — 31
- 5.1.2 Transformatorenverluste — 33
- 5.1.3 Barwertrechnung — 34

5.2 Wirtschaftlichkeit und Last-Beanspruchbarkeit — 36
- 5.2.1 Beanspruchbarkeit der Betriebsmittel — 36
- 5.2.2 Optimierung von Verteilungstransformatoren — 40

5.3 Einsatzvorschläge — 47
- 5.3.1 Planung — 47
- 5.3.2 Investitionsvergleiche — 47
- 5.3.3 Optimale Anzahl von Verteilungstransformatoren in einem Versorgungsgebiet — 47
- 5.3.4 Vergleich der Verluste und der jährlichen Verlustkosten bei Parallelbetrieb von 2 Transformatoren — 49
- 5.3.5 Ersatz eines Transformators durch einen mit niedrigeren Verlusten — 50

5.4 Einflüsse auf die Gestaltung von Anlagen und Netzen — 54
- 5.4.1 Spannungsebenen — 54
- 5.4.2 Spannungshaltung — 55
- 5.4.3 Kurzschlussbeanspruchung — 56
- 5.4.4 Sternpunktbehandlung — 57
- 5.4.5 Schieflast — 58
- 5.4.6 Umweltschutz-Gesetzgebung — 59

5.5 Anschluss von Transformatoren im Netz — 60
- 5.5.1 Verteilungsstationen — 62
- 5.5.2 Umspannstationen — 64
- 5.5.3 Hochspannungs-Schaltanlagen in Umspannstationen — 69
- 5.5.4 Auswahl der optimalen Bauform und Betriebsweise — 71

6 Betrieb von Transformatoren — 73
6.1 Verteilungstransformatoren — 73
6.2 Umspannstationen und Hochspannungs-Schaltanlagen — 75
6.3 Monitoring — 76

Stichwortverzeichnis — 79

1 Einleitung

Transformatoren dienen dazu, die elektrische Energie aus einer Spannungsebene in eine andere – mit für das jeweilige Anwendungsgebiet optimaler Spannung – umzusetzen. Sie sind deshalb für die heutige Energieversorgung unerlässlich und haben einen großen Einfluss auf Planung und Betrieb der Netze und damit auf die Zuverlässigkeit der Versorgung.

Gestaltung und Aufbau sind jeweils der Anwendung angepasst. So kann unterschieden werden nach

– EVU-Transformatoren, die der allgemeinen Energieversorgung dienen wie Verteilungs-, Netzkupplungs- oder Maschinentransformatoren
– Industrietransformatoren wie Ofen-, Schweiß, Stromrichter- oder Anlasstransformatoren
– Bahntransformatoren, die schon wegen der vom öffentlichen Netz abweichenden Frequenz gesondert zu behandeln sind
– Spezialtransformatoren wie Schutz- oder Steuerungstransformatoren

Im vorliegenden Buch werden nur die erstgenannten Transformatoren behandelt.

Die so wichtigen Vorschriften und Normen sollen in diesem Buch nicht im Einzelnen behandelt werden, damit nicht im Falle einer Änderung auch diese Auflage geändert werden muss. Besser dürfte es sein, der Arbeit die jeweils gültigen Vorschriften und Normen zugrunde zu legen. Sofern trotzdem hier Vorschriften oder Normen benutzt wurden, ist es ratsam, bei der Arbeit etwaige zwischenzeitliche Änderungen zu beachten.

Eine besondere Rolle spielen alle Fragen der Wirtschaftlichkeit, nicht nur im vorliegenden Buch, sondern in der gesamten Elektrizitätswirtschaft. Daher wird sie hier auch eingehend behandelt. So kann ein Transformator nicht nur nach seinem Anschaffungswert beurteilt, sondern es müssen auch die in der Nutzungsdauer auftretenden Verlustkosten herangezogen werden.

Ausgehend von der überragenden Bedeutung der Transformatoren für die Elektrizitätsversorgung und deren Kapitalintensität nehmen zum einen die Schutztechnik, zum anderen die Erhaltungsmaßnahmen einen hohen Stellenwert ein. Wegen der Empfindlichkeit der Kunden gegen Versorgungsunterbrechungen ist es notwendig, die Betriebssicherheit der Transformatoren durch die vorgenannten Arbeiten und Techniken auf dem heutigen Niveau zu halten und nicht etwa durch Einsparungen zu gefährden.

Nur durch konsequente Einhaltung der Inspektions- und Wartungsintervalle, ggf. auch durch Monitoring können Instandsetzungen rechtzeitig eingeplant und damit ungewollte Ausfälle unter Umständen vermieden werden. Durch diese Arbeiten entstehen Nicht-Verfügbarkeitszeiten, deren Auswirkungen aber durch vorher geplante und ggf. durchgeführte Ersatzmaßnahmen gering gehalten werden können.

Alle diese rechtzeitigen Inspektionen, Instandsetzungen und Ersatzmaßnahmen dienen nur dem einen Ziel, die z.Zt. erreichte Zuverlässigkeit der Versorgung der Kunden aufrecht zu erhalten.

2 Grundbegriffe

Alle in diesem Buch durchgehend verwendeten Begriffe werden an dieser Stelle eingehend behandelt und definiert.

2.1 Schaltungsarten

Die Wicklungen der drei Schenkel eines Drehstromtransformators lassen sich auf drei verschiedene Arten miteinander verbinden, so kann man die Stern-, Dreieck- oder Zickzackschaltung erhalten. Die Sternschaltung bietet einen Sternpunkt, der den Anschluss eines Neutralleiters im Drehstromverteilungsnetz oder den von Erdschlusslöschspulen bzw. Erdungsspulen ermöglicht.

Die volle Belastbarkeit des Sternpunktes kann aber nur erreicht werden, wenn durch eine Dreieckswicklung der Sternpunktstrom auf zwei Phasen des speisenden Netzes oder aber durch Bildung eines Ausgleichstroms in der Dreieckswicklung auf die drei Phasen des Sternsystems verteilt wird.

Die Dreiecksschaltung fordert im Gegensatz zur Sternschaltung 73 % mehr Windungen, allerdings nur 58 % des Leiter-Querschnitts. Daraus

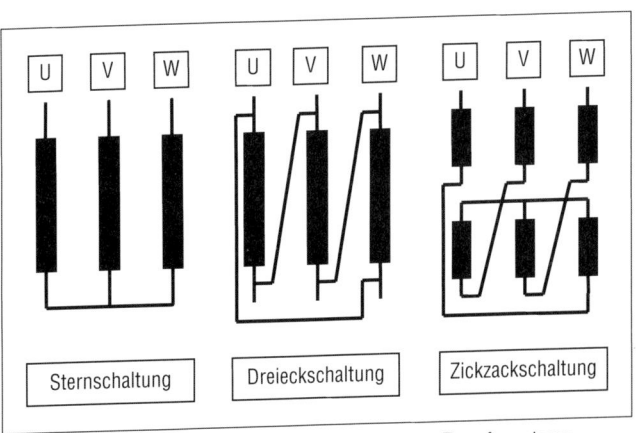

Bild 2.1 Schaltungsarten der Wicklungen von Drehstrom-Transformatoren

folgt, dass der Wickelraum schlechter mit aktivem Material ausgefüllt wird als bei der Sternschaltung. Die Dreieckschaltung wird daher bei hohen Spannungen gerne gemieden. Großtransformatoren findet man bei hohen Spannungen fast immer mit Stern-Stern- (OS/US) oder Stern-Dreieckschaltung (OS/US). Für eine Sternpunktbehandlung auf der Unterspannungsseite ist daher im ersten Fall eine Dreiecksausgleichswicklung, im zweiten ein besonderer Sternpunktbildner erforderlich. Öffnet man die Ausgleichswicklung und führt die Enden über Deckel heraus, so kann einmal der Ausgleichsstrom, zum anderen die Impedanz der Ausgleichswicklung gemessen werden.

Die Zickzackschaltung bildet die Strangspannung aus zwei von benachbarten Schenkeln herrührenden Teilspannungen. Sie benötigt im Verhältnis zur Sternschaltung 15,5 % mehr Wicklungsmaterial, ermöglicht es aber, ohne Ausgleichswicklung den Sternpunkt zu belasten, weil der Sternpunktstrom auf zwei Schenkel verteilt wird. Im Allgemeinen wird diese Schaltungsart nur für die Unterspannungswicklungen von Transformatoren kleiner Leistung (Verteilungstransformatoren) oder aber für Sternpunktbildner und Erdungstransformatoren verwendet.

2.2 Kennzahlen

Die Kennzahl gibt an, um wie viele Vielfache von 30° der Zeiger der Unterspannung gegen dem der Oberspannung mit entsprechender Klemmenbezeichnung nacheilt. Den oberspannungsseitigen Klemmenbezeichnungen 1U, 1V, 1W sind die unterspannungsseitigen Anschlüsse 2u, 2v, 2w zugeordnet.

2.3 Schaltgruppen

Die Schaltgruppe kennzeichnet die Schaltung zweier Wicklungen und die Phasenlage der ihnen zugeordneten Spannungszeiger. Sie enthält einen großen und einen kleinen Kennbuchstaben sowie eine Kennzahl. Große Buchstaben geben die Schaltung der OS-Wicklung an, kleine die der US-Wicklung. Wird der Sternpunkt herausgeführt, ist ein N bzw. ein n an der Schaltungsbezeichnung anzuhängen. Die Schaltgruppe ist auf dem Leistungsschild des Transformators angegeben. In der deutschen

Energieversorgung werden die Schaltgruppen Yy0, Yd5 und Yz5 am häufigsten benutzt.

Zum Beispiel bedeutet YNy0: OS-Seite in Sternschaltung, Sternpunkt herausgeführt, US-Seite in Sternschaltung, der Unterspannungszeiger eilt dem Oberspannungszeiger um 0° nach.

2.4 Stelltransformatoren

Bei wechselnder Belastung von Transformatoren ist es notwendig, die Ausgangsspannung an die Lastverhältnisse anzupassen, damit die Spannung am Anschluss der Kunden in den zulässigen Grenzen bleibt. Dazu ist es nötig, eine Wicklung – in der Regel die Oberspannungswicklung – im Sternpunkt mit Anzapfungen zu versehen, die unter Last mit Stufenschaltern geschaltet werden. Die starren Spannungsänderungen durch Umsteller, die nur spannungslos geschaltet werden können, sind bei lastabhängigen Schwankungen der Spannung nicht brauchbar. Daher finden im EVU bei Großtransformatoren in der Regel nur Stelltransformatoren mit Stufenschaltern, die von Spannungsreglern gesteuert werden, Verwendung. Damit kann zeitgerecht die Spannung an die Lastverhältnisse im Netz angepasst werden.

2.5 Kurzschlussspannung

Als Kurzschlussspannung U_k wird die netzfrequente Spannung bezeichnet, die an die Primärseite angelegt werden muss, damit auf der kurzgeschlossenen Abgabeseite der Nennstrom fließt. Ihr Wert ist immer auf eine Bezugstemperatur zu beziehen, in der Regel 75°.

Da im Stromkreis nur die Kurzschlussimpedanz liegt gilt

$$U_k = \sqrt{3 I_N Z_k}$$

Meist wird die relative Kurzschlussspannung angegeben. Sie wird in Prozent der Nennspannung U_N der Wicklung dargestellt, an die die Spannung angelegt wird. Es ist

$$u_k = \frac{U_k}{U_N} 100\%$$

2.6 Transformatorenverluste

Transformatoren arbeiten nicht verlustfrei. Sie verbrauchen elektrische Arbeit, die als Wärme über Kühlsysteme an die Umgebung abgegeben werden muss. Die Höhe der Verluste ist von der Güte des verwendeten Kupfers und Eisens abhängig. Im Gegensatz zu den Leitungen treten hier sowohl lastunabhängige als auch lastabhängige Verluste auf.

2.6.1 Lastunabhängige Verluste

Die lastunabhängigen Verluste setzen sich aus den Leerlaufverlusten und den Streuverlusten zusammen. Die Leerlaufverluste entstehen durch die ständige Ummagnetisierung des Eisenkerns, wenn nur die Nennspannung bei der Netzfrequenz an eine Wicklung gelegt wird und die anderen Wicklungen unbelastet bleiben. Da die Streuverluste von den Herstellern von vorn herein niedrig gehalten werden, können sie hier außer Ansatz bleiben.

2.6.2 Lastabhängige Verluste

Kurzschlussverluste treten durch die Belastung des Transformators auf. Sie sind definiert durch die bei Nennfrequenz aufgenommene Wirkleistung, wenn über die Leiteranschlüsse einer Wicklung der Nennstrom fließt, während die Anschlüsse der anderen Wicklungen kurzgeschlossen sind. Ihr Wert ist immer auf die für die jeweilige Isolierstoffklasse zulässige Temperatur zu beziehen. Die lastabhängigen Verluste verändern sich mit dem Quadrat des Belastungsstromes. Die Eigenbedarfsverluste, die zum Beispiel durch Kühleinrichtungen entstehen, können außer Ansatz bleiben, weil sie im Verhältnis zu den Kurzschlussverlusten vernachlässigbar gering sind.

2.7 Kühlungsarten

Die Kühlungsart von Transformatoren wird nach VDE durch 4 große Buchstaben gekennzeichnet. Die ersten beiden Buchstaben geben das Kühlmittel und dessen Bewegung für die Wicklungen an, während die letzten beiden für Kühlmittel und Kühlmittelbewegung der äußeren Kühlung stehen. Bei Transformatoren mit gerichteter Ölströmung wird ein Teil des erzwungenen Ölstroms so geleitet, dass er durch die Wicklungen hindurch tritt. Damit gilt z. B.:

ONAN = Öltransformator mit Selbstkühlung

ONAF = Öltransformator mit natürlichem Ölumlauf und erzwungener Luftströmung

OFAF = Öltransformator mit erzwungenem Ölumlauf und erzwungener Luftbewegung

ODAF = Öltransformator mit erzwungener gerichteter Ölströmung und erzwungener Luftbewegung

2.8 Zulässige Übertemperaturen

Die zulässigen Übertemperaturen von Wicklungen, Kernen und Öl sind aus DIN VDE 0532 zu entnehmen. Sie gelten allerdings nur unter bestimmten Voraussetzungen wie

Aufstellhöhe ≤1000 Meter

Kühlmitteltemperatur Wasser $\leq 25°$; Luft $\leq 40°$.
Zusätzlich muss bei Freilufttransformatoren eine Umgebungstemperatur $T \geq -25°$,
bei Innenraumtransformatoren $T \geq -5°$ eingehalten werden.

Näheres sollte aus der DIN VDE 0532 entnommen werden.

2.9 Geräusche

Die Geräuschentwicklung von Transformatoren ist zur Hauptsache durch die Magnetostriktion bestimmt, die von der Induktion abhängt. Hinzu kommt – vor allem bei Großtransformatoren – das Geräusch der Kühlanlagen. Um Geräuschbelästigungen möglichst gering zu halten, wurden in der TA Lärm (Technische Anleitung zum Schutz gegen Lärm) Immissionsrichtwerte festgelegt, die von Industrie-Anlagen nicht überschritten werden dürfen. Die zulässigen Schalldruckpegel sind in Tabelle 2.1 ausgewiesen.

Tabelle 2.1 Zulässige Immissionsrichtwerte nach TA Lärm

Gebiete	Zeitraum	Schalldruckpegel
Gebiete, in denen hauptsächlich gewerbliche Anlagen sind	Tagsüber nachts	65 dB (A) 50 dB (A)
Gebiete mit gewerblichen Anlagen und Wohnungen	Tagsüber nachts	60 dB (A) 45 dB (A)
Gebiete, in denen vorwiegend Wohnungen untergebracht sind	Tagsüber nachts	55 dB (A) 40 dB (A)
Gebiete, in denen ausschließlich Wohnungen untergebracht sind	Tagsüber nachts	50 dB (A) 35 dB (A)
Kurgebiete, Krankenhäuser und Pflegeanstalten	Tagsüber nachts	45 dB (A) 35 dB (A)

Neben dem Luftschall kann auch Körperschall über feste Verbindungen in Gebäuden übertragen werden. Das geschieht, wenn die Schwingungen des Transformators über den festen Boden eines Kellerraumes ins Mauerwerk gelangen. Dagegen helfen Aufstellungen auf Schwingmetall, die den Körperschall absorbieren und Sammelschienenaufhängungen, die keine Schwingungen auf das Gebäude übertragen können.

Gegen Luftschall helfen diese kostengünstigen Hilfsmittel nicht. Vielmehr ist die Verringerung der Schallentwicklung immer mit höheren Aufwendungen wie dem Einsatz von mehr ferromagnetischem Material und Schallisolation der Kühlanlagen verbunden. Wirtschaftlich erreichbar ist dies nicht. Vielmehr ist es notwendig, einen (oder mehrere) Kompromisse zu suchen. Vielfach hilft es, über den Transformator eine Schallschutzhaube bringen, ihn gewissermaßen einzuhausen. Nachteil dieser Maßnahme ist die leichte Minderung der Kühlung. Auch muss die Schutzhaube den Zugang zum Transformator und allen Hilfseinrichtungen erlauben.

Aber auch die Industrie hat beachtliche Anstrengungen zur Senkung der Geräuschentwicklung unternommen. So ist es z.B. heute möglich, einen Verteilungstransformator mit einer Bemessungsleistung von 400 kVA mit einem Schallleistungspegel von 37 dB (A) herzustellen. Es wird empfohlen, nur Transformatoren mit diesem niedrigen Schallleistungspegel zu verwenden, damit nicht ein eventueller Tausch des Transformators an einen anderen Ort mit anderem zulässigen Schalldruckpegel an seinem zu hohen Wert scheitert.

2.10 Parallelschaltung von Transformatoren

Bei der Parallelschaltung von Transformatoren müssen die folgenden Bedingungen erfüllt sein:

- Beide Transformatoren müssen die gleiche Schaltgruppen-Kennzahl besitzen
- Sie müssen die gleiche Übersetzung aufweisen
- Ihre relativen Kurzschlussspannungen dürfen nicht mehr als 10 % vom Mittelwert der parallel betriebenen Transformatoren abweichen
- Die Bemessungsleistungen sollen möglichst nicht zu weit von einander abweichen (Verhältnis < 3:1)

Für die erste Forderung gibt es Ausnahmen. So können Transformatoren mit der Schaltgruppe 5 mit solchen der Schaltgruppe 11 parallel geschaltet werden, wenn man die äußeren Anschlüsse des Transformatoren der Schaltgruppe 11 azyklisch vertauscht (z. B, L1**U**1U, L2**U**1W, L3**U**1V). Hingegen können Transformatoren mit den Kennzahlen 0 und 6 nur parallel betrieben werden, wenn die Wicklungsanfänge und -enden außen zugänglich sind, damit die notwendigen Vertauschungen vorgenommen werden können.

Bei Stelltransformatoren kommt zu den Parallelschalt-Bedingungen eine weitere hinzu. Durch eine geeignete Steuerung muss der Gleichlauf der Stufenschalter gewährleistet werden, um ein „Auseinanderlaufen" der Motorantriebe und damit das Entstehen von Kreisströmen zwischen den Transformatoren zu verhindern.

3 Normen

Die Normung bedeutet Vereinheitlichung und zwar nicht nur von materiellen Erzeugnissen, sondern auch von Handlungen, Tätigkeiten usw, also von immateriellen Dingen. Normen entstehen immer in Expertenkreisen, die von interessierten Kreisen wie Hersteller, Betreiber, Behörden und anderen besetzt werden. In diesem Buch werden Normen und Vorschriften in der aktuellen Fassung benutzt, aber nicht beschrieben. Es empfiehlt sich, bei der Arbeit immer die aktuellen Normen und Vorschriften heranzuziehen, denn während diese sich ändern können, bleiben die in diesem Buch verwendeten Formeln und Überlegungen bestehen. Lediglich die Parameter der Formeln (Grenzwerte u.ä.) sind anzupassen.

3.1 Nationale Normen

Die deutschen Normen werden vom Deutschen Institut für Normung (DIN) in seinen Ausschüssen aufgestellt. Sie werden unter dem Zeichen DIN herausgegeben. Im Bereich der Elektrotechnik hat die DKE (Deutsche Elektrotechnische Kommission) die Aufgabe, elektrotechnische Normen und Vorschriften aufzustellen. Früher wurde diese Arbeit im Fachnormenausschuss Elektrotechnik und im Vorschriftenausschuss des VDE wahrgenommen. Die elektrotechnischen Normen und VDE-Bestimmungen werden heute zusammengefasst und unter der Kurzbezeichnung DIN VDE herausgegeben. Die DKE vertritt die deutschen Interessen auf dem Gebiet der internationalen Normung.

Eindeutig ist, dass die Bedeutung nationaler Normen und Vorschriften im Rahmen der Globalisierung abnehmen wird.

3.2 Internationale Normen

Fast alle Länder der Welt sind entweder der ISO (International Organisation for Standardisation) oder der IEC (International Electrotechnical Commission oder aber beiden angeschlossen. Ihre Aufgabe besteht in der Normungsarbeit mit dem Ziel, die Zusammenarbeit auf den Gebieten von Wissenschaft, Technik, Wirtschaft und Umwelt unter Berücksichtigung der Beteiligten zu stärken.

3.2.1 ISO

Sie ist die größte Organisation für individuelle und technisch-wissenschaftliche Zusammenarbeit. Ihr Arbeitsgebiet umfasst alle Fachgebiete mit Ausnahme der Elektrotechnik.

3.2.2 IEC

Ihre Aufgaben umfassen alle Fragen der Elektrotechnik wie Vereinheitlichung, Begriffsbestimmung und Bewertung der elektrischen Geräte und Maschinen. Die IEC-Normen werden von Fachleuten der Mitgliedsländer erarbeitet. Mitglied ist immer ein nationaler Ausschuss des jeweiligen Landes. Deutsches Mitglied ist die Deutsche Elektrotechnische Kommission DKE im DIN und VDE. Die Transformatoren und ihr Zubehör werden im Ausschuss 14 – Transformatoren – behandelt.

3.3 Europäische Normung

Der Rat der EU hat eine Richtlinie verabschiedet, die die Auftragsvergabe von Bau- und Dienstleistungsaufträgen durch Auftraggeber in der Wasser-, Energie- und Verkehrsversorgung sowie der Telekommunikationsunternehmen ab einem bestimmten Auftragswert europaweit festlegt. Das wird als wesentliche Voraussetzung für das Funktionieren des gemeinsamen Marktes angesehen. Dazu gehört die Existenz entsprechender Normen und Vorschriften. Soweit diese im europäischen Rahmen aufgestellt wurden, müssen sie zwingend angewendet werden. Eigene technische Spezifikationen sind immer möglich, soweit sie nicht im Widerspruch zu den europäischen Normen stehen.

3.3.1 CEN/CENELEC

Das Europäische Komitee für Normung (CEN) ist eine nichtstaatliche Vereinigung mit Sitz in Brüssel. Sein Arbeitsgebiet erstreckt sich über alle Bereiche mit Ausnahme der Elektrotechnik. Hierfür ist CENELEC

(Europäisches Komitee für elektrotechnische Normen) zuständig. Die DKE ist in den Ausschüssen des CENELEC vertreten. Das Aufgabengebiet umfasst die Erstellung europäischer Normen (EN). Die IEC-Standards werden nach Möglichkeit in das europäische Normenwerk übernommen.

3.4 Normen für Transformatoren

Die Normen für Transformatoren werden einmal unter der Bezeichnung DIN VDE 0532 geführt und zum anderen in DIN-Blättern mit technischen Daten von Transformatoren geführt. Außerdem gibt es noch DIN-Blätter für Bau- und Zubehörteile von Transformatoren. Unerlässliche Ergänzung sind die technischen Liefervereinbarungen für Transformatoren, herausgegeben von der VDEW. Diese als Richtlinie für Hersteller und Besteller herausgegebene Vereinbarung stellt für die Betreiber von elektrischen Anlagen und Netzen eine wertvolle Hilfe dar.

4 Beschaffung von Transformatoren

Die Beschaffung eines Transformators gliedert sich in vier Arbeitsgänge. Es sind:

Ausschreibung
Angebotsvergleich
Auswahl
Abnahme

Vor allem Großtransformatoren, aber auch die in größerer Zahl zu beschaffenden Verteilungstransformatoren stellen einen erheblichen Wert dar, so dass bei der Beschaffung sehr sorgfältig vorgegangen werden muss. Daher sollen auch die einzelnen Arbeitsvorgänge hinreichend behandelt werden.

4.1 Ausschreibung

Wie bereits im Kapitel 3 beschrieben, hat die EU eine Richtlinie für Auftragsvergaben herausgegeben. Nach den Vorgaben sind Aufträge der EVU, deren geschätzter Wert ohne Umsatzsteuer

– bei Lieferaufträgen 400.000 €
  und
– bei Bauaufträgen 5.000.000 €

übersteigt, **europaweit** ausschreibungspflichtig.

Die Richtlinie bietet wahlweise drei Vergabeverfahren an, deren Wahl frei ist. Bei allen Verfahren ist aber ein Aufruf zur Abgabe von Angeboten zwingend.

– Bei dem **offenen Verfahren** können alle interessierten Unternehmen ein Angebot abgeben. (Für Transformatoren kaum anwendbar)
– Bei dem **nichtoffenen Verfahren** können nur die aufgeforderten Unternehmen ein Angebot abgeben.
– Bei dem **Verhandlungsverfahren** werden ausgewählte Unternehmen angesprochen und mit ihnen über die Auftragsbedingungen verhandelt.

Den letzten beiden Verfahren sollte ein Prüfungssystem zur Beurteilung der Hersteller (Präqualifikation) vorgeschaltet werden, dessen Ergebnis Voraussetzung für eine Teilnahme an diesen Vergabeverfahren ist. Das Prüfungssystem ist in Artikel 24 der EU-Richtlinie beschrieben. Die Präqualifikation ist besonders bei der Beschaffung von hochwertigen Gütern (Transformatoren) angebracht.

Die eigenen Spezifikationen muss der Auftraggeber der Reihe nach den europäischen, internationalen und nationalen Normen anpassen. Zusätzliche Spezifikationen sind zulässig, soweit sie zur Ergänzung der europäischen Spezifikationen oder anderer Normen notwendig sind.

Basis einer Ausschreibung ist ein ausführliches – ins Einzelne gehendes – Leistungsverzeichnis des Auftraggebers, das mit den Vorgaben der EU harmoniert.

4.2 Angebotsvergleich

In der Auschreibung sind Forderungen enthalten, die unbedingt zu erfüllen sind (Mussziele). Im ersten Durchgang des Vergleichs wird festgestellt, ob diese Mussziele erfüllt sind. Wenn nein, wird das entsprechende Angebot **aussortiert**.

Im zweiten Durchgang werden nur noch die verbliebenen Angebote verglichen. Hier wird untersucht, wie gut die einzelnen Angebote die Wünsche des Auftraggebers erfüllen. So sollte bei dem Vergleich nicht nur der Preis des angebotenen Transformators und der über die erwartete Nutzungsdauer kapitalisierte Wert der Verluste berücksichtigt werden, sondern auch die Erfüllung aller anderen Vorstellungen und Forderungen aus dem Leistungsverzeichnis des Auftraggebers. Zu empfehlen ist dann, eine Entscheidungsmatrix zu benutzen, in die die gewichteten und bewerteten Erfüllungen der Wünsche (Wunschziele) eingetragen werden. Dieses Verfahren ist in dem in deutscher Übersetzung erschienenen Buch „The rational Manager" von Kepner und Tregoe beschrieben. Der Transformator mit der besten Erfüllung der Wunschziele ist der bestgeeignete.

4.3 Auswahl des Lieferanten

Mit Hilfe der Erfüllungsmatrix kann der Hersteller bestimmt werden, der den für den vorgesehenen Zweck am besten geeigneten Transformator liefern kann. Die Erfüllungsmatrix stellt gleichzeitig ein Protokoll der Entscheidungsfindung auf, so dass der Vorgang der Kaufentscheidung jederzeit reproduziert werden kann. Für spätere Prüfungen ist das gelegentlich von Vorteil! Mit dieser Auswahl sind die Vorarbeiten zur Auftragserteilung abgeschlossen.

4.4 Abnahme des Transformators

Ist der Transformator fertig gestellt, wird er vor Auslieferung nach DIN VDE 0532 in Gegenwart des Auftraggebers geprüft. Sonder- und Typprüfungen sind vorher zu vereinbaren. Sind eine Typprüfung (nur bei Verteilungstransformatoren üblich), eine Kurzschlussprüfung und eine Stoßspannungsprüfung vereinbart, sind die üblichen Stückprüfungen vorzunehmen und in einem Prüfprotokoll festzuhalten. Danach folgen in Gegenwart des Auftraggebers Kurzschlussprüfung und Stoßspannungsprüfung (falls vereinbart).

Im Anschluss erfolgen

- Wicklungs- und Windungsprüfung
- Messung der Übersetzung und Widerstände
- Messung der Leerlauf- und Kurzschlussverluste
- Messung der Kurzschlussspannung
- Messung der Schall-Leistung
- Messung der Erwärmung (gesondert zu vereinbaren)

Danach folgt die Sichtprüfung des gezogenen Aktivteils und die äußere Abnahme.

Die Sichtprüfung des Aktivteils erstreckt sich auf

die Festigkeit der Wicklungen in sich
die Druckklötze, die durch die Kurzschlussbeanspruchung nicht verschoben sein dürfen
die Festigkeit der Wicklungsausleitungen

den festen Sitz der Spannbolzen
Feststellung von Schmorstellen an den Umstellerkontakten

Die äußere Abnahme erstreckt sich vor allem auf Vorrichtungen für Absturzsicherung, Einhaltung VGB 4, Beschilderung, Überwachungsgeräte u. a.

5 Planung des Einsatzes von Transformatoren

Planung ist

- Sammlung aller sachbezogenen Informationen,
- Aufarbeiten der sachbezogenen Informationen
- Zusammenfügen der Informationen zu einer Bestandsaufnahme
- Erarbeiten einer Prognose für einen überschaubaren Zeitraum
- Aufstellen von Planungszielen
- Erarbeiten von Lösungsvorschlägen anhand der Planungsziele
- Prüfen der Lösungsvorschläge an den Planungsgrundsätzen
- Bewerten der Lösungsvorschläge
- Auswahl des am besten geeigneten Vorschlags

Mit dieser Systematik können objektive, reproduzierbare Entscheidungen getroffen werden. In den folgenden Absätzen werden einige ausgewählte Kapitel zum Einsatz von Transformatoren – speziell von Verteilungstransformatoren – behandelt.

5.1 Wirtschaftsmathematische Voraussetzungen

5.1.1 Berechnung der Verluste[1]

Zunächst sei bemerkt, dass in diesem Kapitel bei allen Verlustberechnungen auch die Leistungsverluste bewertet werden. Dies mit Rücksicht auf die Mehrzahl der Elektrizitätsversorgungs-Unternehmen und alle Kunden, die jedes Kilowatt bezogener Leistung zu bezahlen haben – also auch die Verlustleistung in ihren Netzen. Sollen die Leistungsverluste nicht bewertet werden, müssen lediglich die Leistungskosten zu Null gesetzt werden.

Im Folgenden sei

L	Leistungskosten	$€ \cdot (kW \cdot a)^{-1}$
e	Arbeitskosten	$€ \cdot (kWh)^{-1}$

---

[1] VDEW: Netzverluste. Eine Richtlinie für ihre Bewertung und Verringerung. 3. Auflage. VWEW Frankfurt am Main 1978.

t_b	Benutzungsdauer	$h \cdot a^{-1}$
t_v	Verlustdauer	$h \cdot a^{-1}$
T	Betriebsdauer	$h \cdot a^{-1}$
$m = t_b \cdot T^{-1}$	Benutzungsfaktor	
$\vartheta = t_v \cdot T^{-1}$	Verlustfaktor	

Die Verlustkosten pro Kilowatt und Jahr auf einem Betriebsmittel ergeben sich dann zu

(Gl. 5.1) $$k_V = L + et_V \qquad \left[\frac{€}{kW\,a}\right]$$

Die beiden Faktoren Benutzungsdauer t_B und Verlustdauer t_V erhält man durch Integration der Strom-Ganglinie bzw. aus deren Quadraten im Intervall t = 0 bis t = T. Da zu jeder Zeit t der Strom I(t) kleiner als I_{max} ist, ist auch die Fläche unter der Ganglinie kleiner als $I_{max} \cdot T$, wobei T die Betriebsdauer des betrachteten Betriebsmittels ist. Es ist also

$$\int_{t=0}^{t=T} I(t)dt = mTI_{max} \ mit \ 0 < m \leq 1$$

Der Verlustfaktor ϑ wird durch Integration aus der quadrierten Ganglinie des Stromes zwischen den Grenzen t = 0 und t = T gewonnen. Es gilt

$$\int_{t=0}^{t=T} I^2(t)dt = \vartheta TI_{max}^2 \ mit \ 0 < \vartheta \leq 1$$

Da in der Regel weder die Strom-Ganglinie noch ihre quadratische Funktion als geschlossener Ausdruck angegeben werden können, muss das bestimmte Integral durch Planimetrierung oder durch Näherung – z. B. mit der Trapez-Regel – gewonnen werden. Die Integration der Jahresganglinie (etwa 365 Tage) kann dadurch erleichtert werden, dass die Ganglinie zunächst auf die flächengleiche Dauerlinie abgebildet wird. Ein Hinweis sei hier noch gegeben: die Betriebsdauer T ist nicht immer gleich 8 760 Stunden!

Etwas ungenauere, aber immer noch hinreichend genaue Werte liefert eine andere Methode. Aus dem Vergleich verschiedener Dauerlinien und den damit definierten Verlustdauerlinien kann ϑ mit genügender

Genauigkeit annähernd dargestellt werden. Da in allen später durchzuführenden Wirtschaftlichkeitsvergleichen die Netzverluste zwar eine zu beachtende, aber niemals führende Größe sind, genügen in vielen Fällen die folgenden Werte zur Ermittlung der Verluste auf den betrachteten Betriebsmitteln:

Bei Dauerlinien mit nahezu hyperbelförmigem Verlauf darf der Verlustfaktor näherungsweise zu

$$\vartheta = 0{,}8\ m^2 + 0{,}2\ m$$

bei Dauerlinien mit Ausbauchung im Mittelbereich zu

$$\vartheta = 0{,}7\ m^2 + 0{,}3\ m$$

und bei m = 1 muss

$$\vartheta = m = 1$$

angesetzt werden. Durch Multiplikation mit der Betriebsdauer T erhält man die Verlustdauer sowie durch deren Einsetzen in Gl. 5.1 sowie Einsetzen der Leistungskosten L und der Arbeitskosten e die Verlustkosten k_V pro Jahr und Kilowatt auf dem betrachteten Betriebsmittel.

5.1.2 Transformatorenverluste

Die Transformatorenverluste setzen sich aus einem lastunabhängigen Teil P_{Vo} und einem lastabhängigen Teil $\sigma^2 \cdot P_{VK}$ zusammen. σ ist dabei das Verhältnis des Stromes zum Bemessungsstrom (Nennstrom), P_{VK} sind die Kurzschluss- und Zusatzverluste des Transformators bei Bemessungslast. Es ist

(Gl. 5.2) $$P_V = P_{Vo} + \sigma^2 \cdot P_{VK} \qquad [kW]$$

Da die lastunabhängigen Verluste ständig in gleicher Höhe auftreten, muss $\vartheta = 1$ gesetzt werden. Für die lastabhängigen Verluste gelten die entsprechenden Werte wie bei den Leitungsverlusten.

Damit betragen die jährlichen Verlustkosten eines Transformators

(Gl. 5.3) $$K_V = P_{Vo} k_{Vo} + \sigma^2 P_{VK} k_{VK} \qquad \left[\frac{€}{a}\right]$$

mit

$$k_{Vo} = L + eT \left[\frac{€}{kW\,a}\right]$$

$$k_{VK} = L + et_v \left[\frac{€}{kW\,a}\right]$$

5.1.3 Barwertrechnung

Sei K(0) das Kapital zum Zeitpunkt t = 0, p der Zinsfuß und q = 1 + p der Zinsfaktor, so gilt für das im k-ten Jahr angesammelte Kapital

(Gl. 5.4) $\qquad K(k) = K(0)q^k \qquad$ [€]

Wenn also zum Zeitpunkt k ein Kapital K(k) bereitgestellt werden muss, ist zum Zeitpunkt t = 0 ein Kapital K(0) anzulegen, das bis t = k entsprechend anwächst. Es gilt dann

(Gl. 5.5) $\qquad K(0) = \dfrac{K(k)}{q^k} \qquad$ [€]

q^{-1} ist der reziproke Wert des Zinsfaktors q und wird Abzinsungsfaktor oder Diskontierungsfaktor, q^{-k} Barwertfaktor genannt. Das Kapital K(0) ist der Barwert des Kapitals K(k). Mit dieser Rechnungsart kann man Investitionen mit unterschiedlichen zeitlichen Abläufen und Kapitaleinsätzen unmittelbar vergleichen, da alle Vorgänge auf den Zeitpunkt t = 0 projiziert werden. Auch die zeitlich verschieden anfallenden Transformatoren- und Leitungsverlustkosten können so bewertet werden.

Zur Optimierung von Betriebsmitteln gehört nicht nur die Bewertung der Investitionen sondern auch die Bewertung der während der voraussichtlichen Nutzungsdauer auftretenden Kosten, insbesondere der Verlustkosten. Geht man von der Vorstellung aus, dass auf jedem Betriebsmittel durch den fließenden Strom Verluste verursacht werden, liegt auch die Notwendigkeit nahe, sie zu bewerten und dem Betriebsmittel anzulasten. Dazu werden die jährlichen Verlustkosten auf den Investitionszeitpunkt abgezinst, addiert und der Investition zugerechnet. Aus dem Vergleich der so erhaltenen Kapitalwerte bei Betriebsmitteln unterschiedlicher Bemessungsgrößen, aber gleicher Art und gleicher Nutzungsdauer wird das optimale Betriebsmittel für die Versorgungsaufgabe gewonnen.

Vor Beginn der Rechnung ist aber noch das Intervall der Belastung festzulegen. Dazu wird als erstes die Anfangslast (zum Zeitpunkt t = 0) und die zulässige Höchstlast im Normalbetrieb bestimmt (siehe Abschn. 5.2.1). Wird diese im Verlaufe der beabsichtigten Nutzungsdauer bzw der technischen Lebensdauer überschritten, muss zu diesem Zeitpunkt investiert werden. Der damit verbundene Aufwand wird auf den Zeitpunkt t=0 abgezinst, desgleichen die Barwertsumme der danach auftretenden Verluste.

Der Einfachheit halber wird bei den folgenden Überlegungen zunächst davon ausgegangen, dass die zulässige Höchstlast im Normalbetrieb während der beabsichtigten Nutzungsdauer nicht überschritten wird. Dann gilt

$P_V(0)$ Verlustleistung zum Zeitpunkt t = 0
k_V Verlustkosten pro kW und Jahr
$K_V = k_V \cdot P_V$ Verlustkosten pro Jahr
f Lastanstiegsfaktor
q^{-1} Abzinsungsfaktor

Damit folgt für die im ν-ten Jahr verursachten, quadratisch steigenden, Verlustkosten

(Gl. 5.6) $$K_V(\nu) = P_V(\nu)k_V = f^{2\nu}P_V(0)k_V \qquad \left[\frac{\text{€}}{a}\right]$$

mit dem Barwert

(Gl. 5.7) $$B_V(\nu, f, q) = \frac{K_V(\nu)}{q^\nu} = \left(\frac{f^2}{q}\right)^\nu P_V(0)k_V \qquad \left[\frac{\text{€}}{a}\right]$$

Summiert man die Verlustbarwerte über die gesamte beabsichtigte Nutzungsdauer von n Jahren, wird eine Barwertsumme WV(n,f,q) gewonnen mit

(Gl. 5.8) $$W_V(n, f, q) = \sum_{\nu=1}^{n} B_V(\nu, f, q) = k_V P_V(0) \sum_{\nu=1}^{n} \left(\frac{f^2}{q}\right)^\nu \qquad [\text{€}]$$

Der Barwertsummenfaktor lässt sich auch als geschlossener Ausdruck

$$\sum_{\nu=1}^{n}\left(\frac{f^2}{q}\right)^\nu = \sum_{\nu=1}^{n} \zeta^\nu = \zeta \frac{\zeta^n - 1}{\zeta - 1}$$

darstellen.

Für den Kapitalwert W(n,f,q) eines Betriebsmittel gilt unter den oben genannten Voraussetzungen

(Gl. 5.9) $$W(n, f, q) = A_1(0) + W_V(n, f, q) \quad [\text{€}]$$

mit $A_1(0)$ als Investitionsaufwand zum Zeitpunkt $t = 0$.

Sind jedoch im Betrachtungszeitraum weitere Investitionen nötig, muss der Kapitalwert für jede Investitionsstufe einzeln ermittelt werden. Der Gesamt-Kapitalwert entsteht durch Addition der Barwerte aller Stufen im Betrachtungszeitraum.

Zur Auswahl des optimalen unter technisch gleichwertigen Betriebsmitteln unterschiedlicher Bemessungsgrößen (unterschiedlicher Belastbarkeit) müssen die Kapitalwerte für die beabsichtigte Nutzungsdauer n verglichen werden. Das Betriebsmittel mit dem niedrigsten Kapitalwert ist dann optimal bemessen.

5.2 Wirtschaftlichkeit und Last-Beanspruchbarkeit

5.2.1 Beanspruchbarkeit der Betriebsmittel

Betrachtet man die Beanspruchbarkeit der Betriebsmittel, so muss zunächst die Beanspruchung (Belastung) im Normalbetrieb von der im Betrieb nach Störungen unterschieden werden. Tritt eine Störung zufällig am Spitzenlasttag zur Spitzenlastzeit auf, und wird das Betriebsmittel zur teilweisen oder vollständigen Deckung der Belastung des ausgefallenen herangezogen, so wird es für relativ kurze Zeit hoch belastet. Darf für diese kurze Zeit das Betriebsmittel mit einer höheren Belastung als der Bemessungsleistung betrieben werden? Bei EVU-Last kann dieses für bestimmte Betriebsmittel wie Verteilungstransformatoren[2], Mittel[3;4]- und Niederspannungskabel ohne weiteres bejaht werden. Nimmt man einen geringen Lebensdauer-Mehrverzehr in Kauf, kann auch über

---

[2] Stolte, D.: Belastbarkeit von Netzstationstransformatoren im öffentlichen Netz. Energie 25 (1973) 1
[3] Stolte D.: Zulässige Belastung von Mittelspannungskabeln unter Berücksichtigung von Reservevorhaltung und Störungswahrscheinlichkeiten. Energie 26 (1974) 4
[4] Klockhaus, H.: Grundlagen der Energiekabeltechnik, Belastbarkeit von Energiekabeln. Manuskript eines Vortrags zum 41. Kabelseminars der VDEW

die Grenzen der DIN-VDE-Bestimmungen 0298 und 0536 hinausgegangen werden[5]. In Anbetracht der geringen Wahrscheinlichkeit der vorher beschriebenen Störung ist das Risiko eines vorzeitigen Endes der Nutzung klein. Gerade jetzt, in der Zeit nach der Liberalisierung des Strommarktes, ist die Höherbelastung der Betriebsmittel eine Möglichkeit für die Einsparung von Investitionen.

Die Wirtschaftlichkeit dieses Vorhabens ist nachweisbar[6]. Dazu wird der Kapitalwert W(n,f,q) eines Transformators am Ende des Betrachtungszeitraums aus seinem Preis $A_I(0)$, dem Montagepreis M und den Barwerten B(k) der Nach-Investition zur Zeit t = k sowie der Barwertsumme der jährlichen Verlustkosten $K_V(v)$ ermittelt. Es gilt demnach

(Gl. 5.10)
$$W(n,f,q) = A_I(0) + M(0) + \frac{A_I(k) + M(k)}{q^k} + W_V(k,f,q) + W_V(n-k,f,q) \quad [\text{€}]$$

Je nach der zulässigen Höchstlast im Normalbetrieb und dem Lastanstiegsfaktor f ergeben sich unterschiedliche Zeitpunkte k und k' für die Nach-Investition und damit unterschiedliche Kapitalwerte im Betrachtungszeitraum n, die miteinander zu vergleichen sind.

Das Bild 5.1 zeigt diesen Vergleich mit dem Ergebnis, dass bei einer zulässigen Höchstlast der Verteilungstransformatoren im Normalbetrieb $S_{zul} = S_N$ der Kapitalwert der Nach-Investition deutlich höher ist, als der bei $S_{zul} = 1{,}3 \cdot S_N$. Es besteht also durchaus ein wirtschaftlicher Anreiz, ölgefüllte Verteilungstransformatoren im Normalbetrieb höher als mit Bemessungsleistung S_N – bis zu der nach IEC bei einem Belastungsgrad von 0,7 zulässigen Belastung $S = 1{,}5 \cdot S_N$ – zu betreiben. Bei diesem Belastungsgrad sind genügend Abkühlungsphasen zu verzeichnen. Werden Industrie- und Gewerbetransformatoren mit dem gleichen Belastungsgrad (Durchschnittliche Last : maximale Last an einem Tag) betrieben, gilt für sie das Gleiche.

Voraussetzung für eine derart hohe Belastung der Verteilungstransformatoren ist aber, dass die nachgeschalteten Betriebsmittel und Geräte sowie das Niederspannungsnetz diesen Belastungen gewachsen

---

[5] Goldnau J.: Untersuchungen zur Belastbarkeit von Öltransformatoren im EVU. Elektrizitätswirtschaft 94 (1995) 10

[6] Kaufmann, W.: Wirtschaftliche Auslastung vorhandener Ortsnetztransformatoren. Elektrizitätswirtschaft 92 (1993) 4

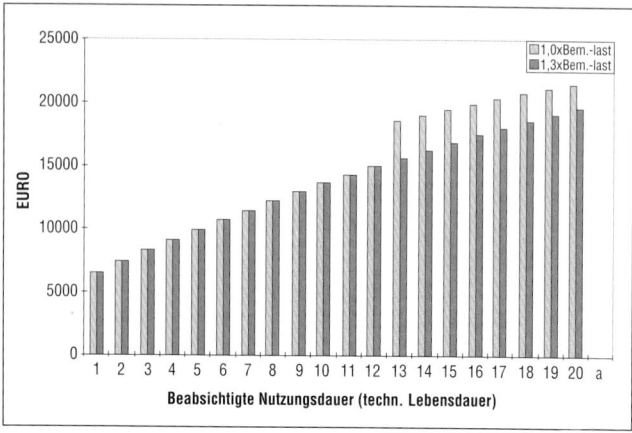

Bild 5.1 Kapitalwerte von Verteilungstransformatoren 10/0,4 kV, abhängig von der zulässigen Höchstlast im Normalbetrieb. Anfangslast S(0) = 200 kVA; Lastanstiegsfaktor f = 1,02; Zinsfaktor q = 1,06;

lastunabhängige Verlustkosten pro Jahr und Kilowatt
$k_{V0} = 650$ € · $(kW · a)^{-1}$

lastabhängige Verlustkosten pro Jahr und Kilowatt
$k_{VK} = 200$ € · $(kW · a)^{-1}$

An den Sprungstellen wird jeweils der nächstgrößere Transformator der Normenvorzugsreihe eingesetzt.

sind. Selbst, wenn die Niederspannungsgeräte den Anforderungen angepasst sind, können Engpässe in der Übertragungsfähigkeit des Niederspannungsnetzes auftreten.

Nach dem IEC-Loading-Guide können bei Belastungsgrad 0,7 die Verteilungstransformatoren im Störungsfall mit höchstens 200 % ihrer Bemessungsleistung belastet werden. Im Normalbetrieb werden höchstens 150 % zugelassen. Bevor jedoch diese Möglichkeit ausgenutzt wird, müssen einige Überlegungen angestellt werden.

Im Inneren eines Versorgungsgebietes werden immer 4 Transformatoren vorhanden sein, auf die die Last eines ausgefallenen verteilt werden kann, ohne dass die zulässige Störungslast überschritten wird. Am Rand stehen meistens nur 3, gelegentlich auch nur 2 Transformatoren zur Aufnahme der Reserveleistung zur Verfügung (Bild 5.2). Bei 3 aufnehmenden Transformatoren wird die Last des ausgefallenen Trans-

○ Knotenpunkt
● Verteilungsstation

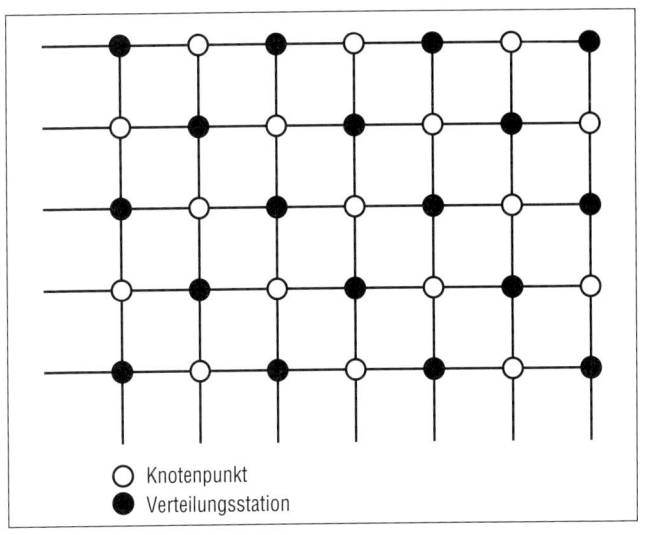

Bild 5.2 Idealisierte Darstellung eines Niederspannungsnetzes

formators nicht immer so auf die verbleibenden aufgeteilt werden können, dass keiner mit mehr als 200 % belastet wird. Durch die Randlage bedingt, tritt nach der Störungsbehebung außerdem ein einseitiger Lastfluss im Niederspannungsnetz auf, der zum Überschreiten der zulässigen Störungslast eines oder mehrerer Kabel führen kann. Stehen im Störungsfall nur 2 Transformatoren zur Aufnahme der Last des ausgefallenen bereit, ist im Normalbetrieb eine Höchstlast von 150 % der Bemessungsleistung nicht zulässig, da die zulässige Belastung im Störungsfall weit überschritten werden würde. Das ist auch der Fall bei Industrietransformatoren.

Nicht immer ist vorherzusehen, ob und wann ein Verteilungstransformator am Rande eines Versorgungsgebietes eingesetzt wird, deshalb sollte bei allgemeinen Untersuchungen eine zulässige Höchstlast im Normalbetrieb von 130 % der Bemessungsleistung eines Verteilungstransformators zugrunde gelegt werden. In den weitaus meisten Fällen träten dann im Störungsfall keine Engpässe auf. Bei nur 2 aufnehmenden Verteilungstransformatoren kann das allerdings geschehen. Theoretisch wird zwar jeder aufnehmende Transformator mit

195 % der Bemessungsleistung belastet, in der Praxis ist aber eine gleichmäßige Aufteilung der Last des ausgefallenen nicht immer möglich. Voraussetzung für die o.g. Festlegung bleibt, dass die Belüftung der Verteilungsstation und die Niederspannungsgeräte für die höheren Belastungen bemessen sind sowie die Übertragungsfähigkeit des Niederspannungsnetzes ausreicht.

5.2.2 Optimierung von Verteilungstransformatoren

Festlegung: Es werden nur Transformatoren mit Bemessungsleistungen nach der Normen-Vorzugsreihe eingesetzt.

Das Verfahren läuft ähnlich dem der Optimierung von Leiterquerschnitten ab. Die Leistungsverluste im ν-ten Jahr der beabsichtigten Nutzungsdauer betragen

(Gl. 5.11) $$P_V(v) = P_{Vo}(0) + f^{2v}\sigma^2(0)P_{VK}0 \quad \text{[kW]}$$

mit $$\sigma(0) = \frac{I_{max}(0)}{I_N}.$$

$\sigma(0)$ ist dabei die relative Belastung des Transformators zu Beginn der Nutzungsdauer, P_{VK} sind die lastabhängigen Leistungsverluste bei Bemessungslast, und P_{Vo} die lastunabhängigen Leistungsverluste. Die jährlichen Verlustkosten k_{Vo} für Leerlaufverluste und k_{VK} lastabhängige Verluste sind verschieden (siehe Abschnitt 5.1), also folgt unter Berücksichtigung eines Lastanstiegsfaktors f für die Verlustkosten im ν-ten Jahr

(Gl. 5.12) $$K_V(v) = k_{Vo}P_{Vo}(0) + f^{2v}\sigma^2(0)k_{VK}P_{VK}(0) \quad \left[\frac{€}{a}\right]$$

Da für die lastunabhängigen Verluste der Lastanstiegsfaktor $f = 1$ ist, muss bei der Bildung der Barwertsumme der Verluste mit unterschiedlichen Barwertsummenfaktoren gerechnet werden. Damit ergibt sich für Verteilungstransformatoren (und auch für Groß-Transformatoren) bei einstufiger Betrachtung – d.h. ohne Investitionen im Zeitbereich $t \leq n$ – ein Kapitalwert (Bild 5.3) von

(Gl. 5.10)
$$W(n,f,q) = A_I(0) + M + k_{Vo}P_{Vo}(0)\sum_{v=1}^{n}\frac{1}{q^v} + k_{VCu}\sigma^2(0)P_{VK}(0)\sum_{v=1}^{n}\left(\frac{f^2}{q}\right)^v$$

mit $A_I(0)$ = Preis des Transformators

und M = Preis für Aufstellen und Anschließen des Transformators.

Im Modell zur Standardisierung der Verteilungstransformatoren wird bei Überschreiten der zulässigen Höchstlast der Transformator gegen den nächst größeren der Vorzugsreihe getauscht und an einem anderen Ort wieder eingesetzt. Den zugehörigen Verlauf des Kapitalwerts zeigt Bild 5.3a. Für diese Vorgehensweise spricht auch die Preisdegression, denn die Preise für Transformatoren steigen in Abhängigkeit von der Bemessungsleistung weniger als linear. Die Möglichkeit, einen zweiten Transformator gleicher Bemessungsleistung aufzustellen, bleibt daher außer Ansatz.

Zur Standardisierung von Verteilungstransformatoren optimieren wir die Bemessungsleistung für eine bestimmte Anfangslast $S(0)$, eine zulässige Höchstlast im Normalbetrieb S_{zul} und eine Wieder-Einsatzlast $S(t_i)$, die nach Tausch und erneutem Einsatz des Transformators an einem anderen Ort auftritt, sowie für eine beabsichtigte Nutzungsdauer n, einen Lastanstiegsfaktor f und einen Zinsfaktor q.

Bei den folgenden Überlegungen wird nun davon ausgegangen, dass der Transformator während seiner technischen Lebensdauer bei ausreichender Kühlung einige Male für wenige Stunden mit dem 1,3-fachen Bemessungsstrom belastet werden kann (siehe Abschn. 2.1), und nach dem Tausch am neuen Einsatzort die relative Belastung $\sigma(t_i)$ auftritt.

Für die Wieder-Einsatzlast $S(t_i)$ des Transformators ergibt sich dann bei Anwendung der Normen-Vorzugsreihe und der zulässigen Höchstlast im Normalbetrieb $S_{zul} = 1{,}3 \cdot J_N$

$$S(t_i) = 1{,}3 \cdot 10^{-0{,}2} \cdot S_N \approx 0{,}82 \cdot S_N$$

oder, mit der relativen Belastung $\sigma = J : J_N$

$$\sigma(t_i) = 1{,}3 \cdot 10^{-0{,}2} \approx 0{,}82$$

Optimal ist der Transformator, der unter Berücksichtigung aller Parameter den niedrigsten Kapitalwert aufweist. Werden dann z.B. die Parameter $S(0)$ und f variiert, so erhält man aus dem Nomogramm Bild 5.4 die optimalen Bemessungsleistungen.

Man erkennt, dass Transformatoren mit Bemessungsleistungen von 160 kVA bis 630 kVA für die weitaus meisten Versorgungsaufgaben

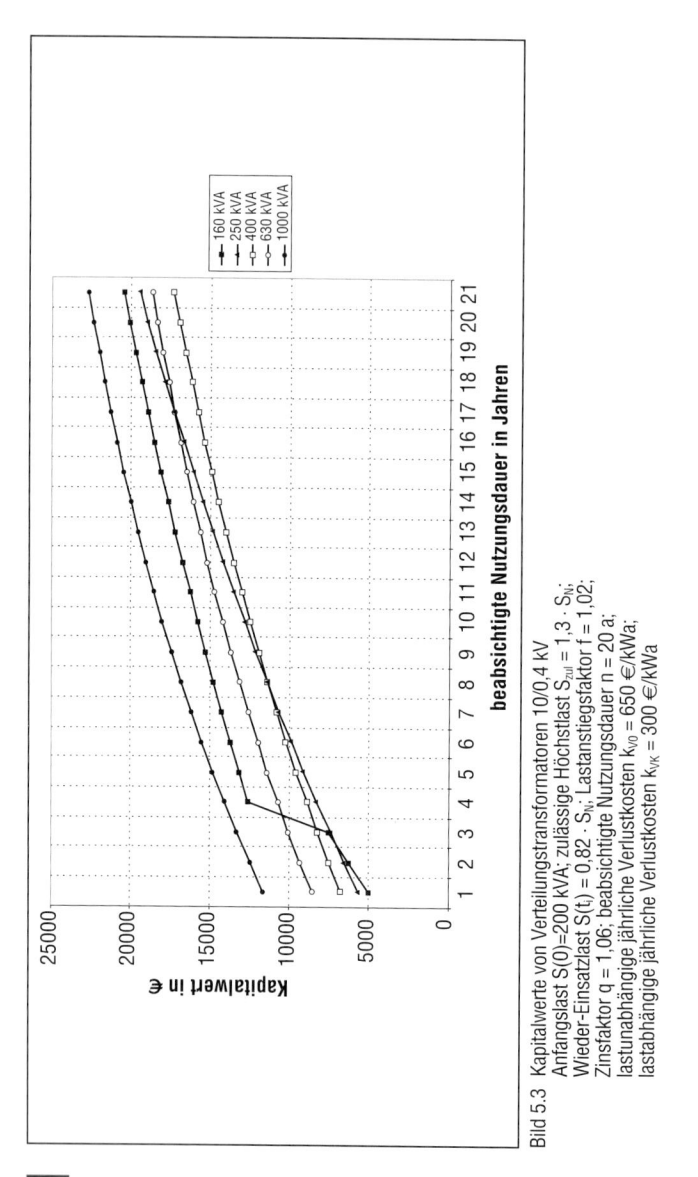

Bild 5.3 Kapitalwerte von Verteilungstransformatoren 10/0,4 kV
Anfangslast S(0)=200 kVA; zulässige Höchstlast $S_{zul} = 1{,}3 \cdot S_N$;
Wieder-Einsatzlast $S(t_r) = 0{,}82 \cdot S_N$; Lastanstiegsfaktor f = 1,02;
Zinsfaktor q = 1,06; beabsichtigte Nutzungsdauer n = 20 a;
lastunabhängige jährliche Verlustkosten k_{V0} = 650 €/kWa;
lastabhängige jährliche Verlustkosten k_{VK} = 300 €/kWa

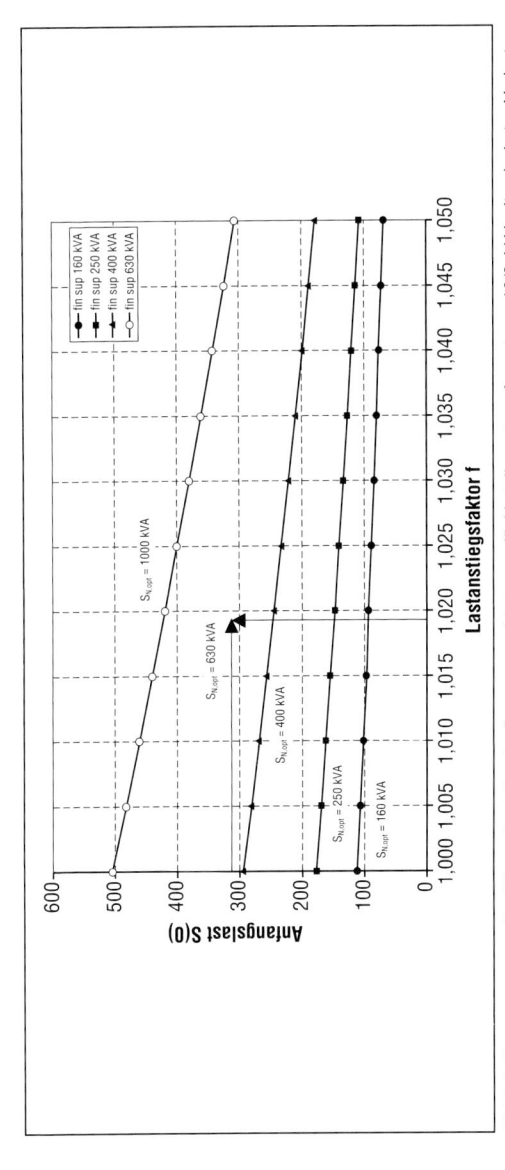

Bild 5.4 Nomogramm zur Ermittlung der optimalen Bemessungsleistungen für Verteilungstransformatoren 10/0,4 kV mit reduzierten Verlusten.
Beabsichtigte Nutzungsdauer 20 Jahre; Zinsfaktor q = 1,06;
zulässige Höchstlast im Normalbetrieb S_{zul} = 1,3 · S_N;
Wieder-Einsatzlast S(t) = 0,82 · S_N;
lastunabhängige jährliche Verlustkosten k_{V0} = 650 €/kWa;
lastabhängige jährliche Verlustkosten k_{VK} = 300 €/kWa;
Variiert wurden die Anfangslasten S(0) und Lastanstiegsfaktoren f.

ausreichen. In großstädtischen Ballungsgebieten kann auch der 1000-kVA-Transformator bei sehr hohen Lastdichten zum Einsatz kommen. Dabei ist aber zu bedenken, dass wegen seiner Abmessungen und seinen elektrischen Werten Maßnahmen erforderlich werden können, die seinen Einsatz erheblich verteuern. Ersatzweise kann dann auch auf den 800-kVA-Transformator zugegriffen werden, der zwar nicht zur Normen-Vorzugsreihe gehört, aber geringere Abmessungen aufweist. Zum Abtransport der Leistung – immerhin bis zu 1300 kVA – wird ein leistungsstarkes Niederspannungsnetz benötigt, so dass das Anwendungsgebiet dieser Transformatoren auf Gebiete mit sehr hoher Lastdichte beschränkt bleiben wird.

Für Gewerbebetriebe, deren Transformatoren mit einem Belastungsgrad von 0,7 betrieben werden und die mit den gleichen Verlustkosten rechnen, gilt Tabelle 1 ebenfalls. Anders sieht es aber bei Betrieben aus, wenn die Last der Transformatoren nicht wächst und sie mit einem Belastungsgrad nahe 1 sowie mit einer Benutzungsdauer nahe 6000 h/a betrieben werden. Diese Verhältnisse treten z. B. bei Dreischichten-Betrieb auf. Rechnet man dann auch noch mit deutlich höheren Verlustkosten, treten, abhängig von der Anfangsbelastung, Kapitalwerte wie in Bild 5.5a auf. Der Last mit dem niedrigsten Kapitalwert ist die optimale Bemessungsleistung zugeordnet.

Auch wenn zur Verbesserung der Versorgungszuverlässigkeit ein zweiter Transformator aufgestellt, aber nicht eingeschaltet wird, ändert sich die optimale Bemessungsleistung nicht, da dieses – mathematisch gesehen – nur eine Parallel-Verschiebung in Ordinatenrichtung bedeutet.

Eine Veränderung tritt erst bei dauernder Parallelschaltung der Transformatoren auf. Es ist bei der gewählten Kostenstruktur und den vorgegebenen Belastungswerten durchaus relativ wirtschaftlich, im Industriebetrieb zwei Transformatoren mit jeweils der halben Bemessungsleistung zu belasten und so eine sehr hohe Versorgungszuverlässigkeit zu erreichen (Bild 5.5b). Man kann daraus auch die große Bedeutung der Verlustkosten herleiten.

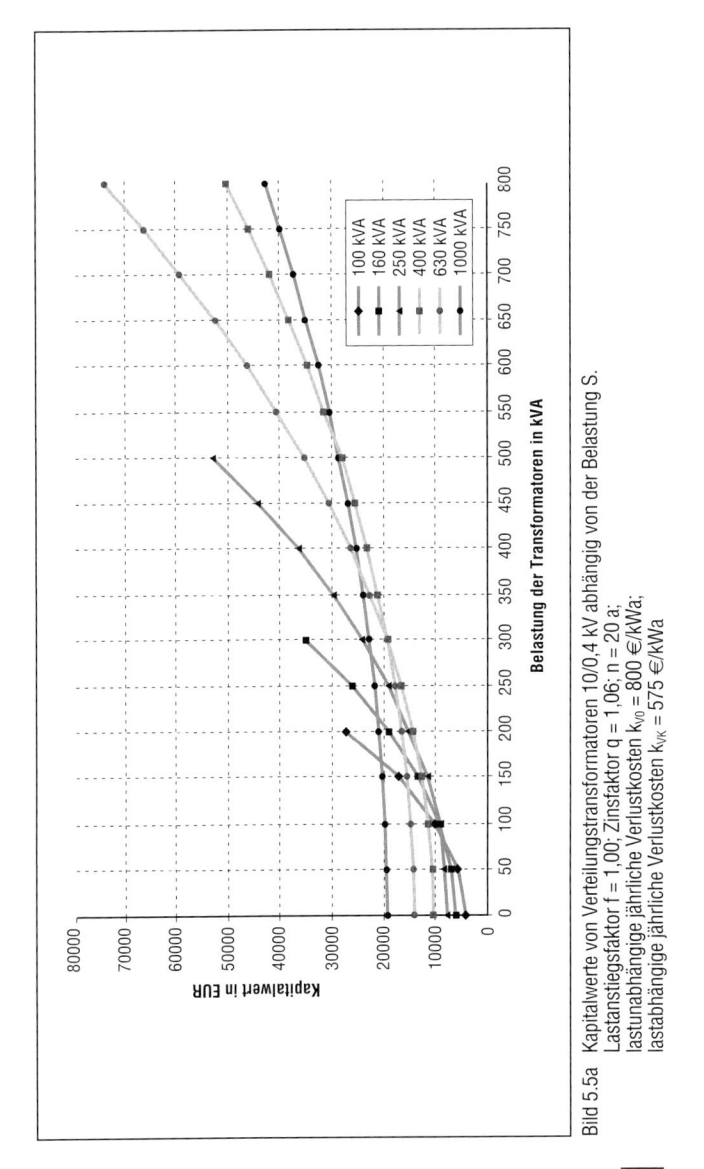

Bild 5.5a Kapitalwerte von Verteilungstransformatoren 10/0,4 kV abhängig von der Belastung S.
Lastanstiegsfaktor f = 1,00; Zinsfaktor q = 1,06; n = 20 a;
lastunabhängige jährliche Verlustkosten k_{v0} = 800 €/kWa;
lastabhängige jährliche Verlustkosten k_{vk} = 575 €/kWa

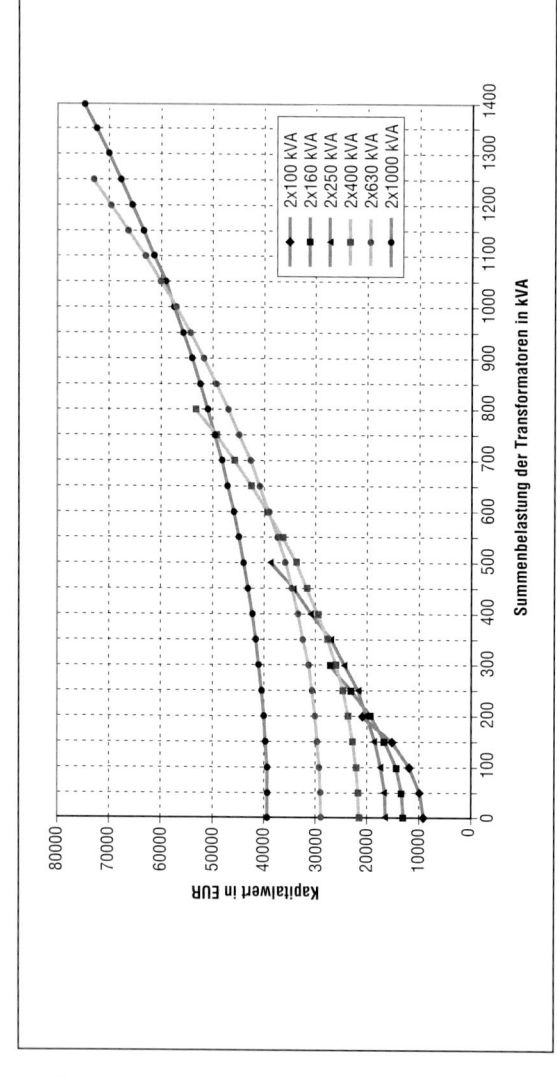

Bild 5.5b Kapitalwerte von 2 parallel geschalteten Verteilungstransformatoren 10/0,4 kV abhängig von der Summenbelastung S.
Lastanstiegsfaktor $f = 1,00$; Zinsfaktor $q = 1,06$; $n = 20$ a;
lastunabhängige jährliche Verlustkosten $k_{v0} = 800$ €/kWa;
lastabhängige jährliche Verlustkosten $k_{vK} = 575$ €/kWa

5.3 Einsatzvorschläge

5.3.1 Planung des Einsatzes von Transformatoren

In den folgenden Absätzen werden einige ausgewählte Kapitel zum Einsatz von Transformatoren, speziell von Verteilungstransformatoren behandelt.

5.3.2 Investitionsvergleiche

In der Planung spielen neben der Optimierung der Bemessungsleistung auch die Investitionen zum Anschluss der Transformatoren und deren Zeitpunkte eine nicht zu vernachlässigende Rolle. Vor allem die Investitionszeitpunkte können nicht ohne Berücksichtigung der Verhältnisse im unterlagerten Netz, z. B. im Niederspannungsnetz, ermittelt werden. Es kommt vor, dass die Engpassleistung des unterlagerten Netzes überschritten und eine Investition notwendig wird. Dann erhebt sich sofort die Frage, ob es günstiger ist, ein weiteres Kabel zu legen und in der Verteilungsstation anzuschließen oder eine weitere Station zur Entlastung des Netzes zu errichten. Bei dem Vergleich darf der oberspannungsseitige Aufwand zur Errichtung einer weiteren Station nicht vernachlässigt werden, der je nach Stationsdichte sogar bestimmend werden kann. Für die dann fällige Systemoptimierung[7] ist ein analytisches Auswahlverfahren zu empfehlen. Die Systemoptimierung näher zu behandeln, würde den Rahmen dieses Buches sprengen.

5.3.3 Optimale Anzahl von Verteilungstransformatoren in einem Versorgungsgebiet

Als eine weitere Planungsaufgabe ist die Ermittlung der optimalen Anzahl von Verteilungsstationen in einem größeren, abgeschlossenen Versorgungsgebiet, z.B. einer Umspannstation, zu nennen. Ausgehend von der zunächst rein mathematischen Überlegung, dass bei konstanter Versorgungsfläche und bestimmter Spitzenlast abhängig von der Anzahl n der Verteilungsstationen mit je einem Transformator

---

[7] H. Nagel: Systematische Netzplanung. Band 8 der Buchreihe „Anlagentechnik" im VDE-Verlag und VWEW, Frankfurt 1994

die Netzverlustkosten	proportional $n^{-\frac{3}{2}}$
die lastabhängigen Trafoverlustkosten	proportional n^{-1}
die lastunabhängigen Trafoverlustkosten	proportional n
der Aufwand für Verteilungsstationen	proportional n
der Aufwand für Mittelspannungskabel	proportional $n^{\frac{1}{2}}$

sind, gilt für den Kapitalwert des Netzes

(Gl. 5.14) $$W(H, f, q) = An^{-\frac{3}{2}} + Bn^{-1} + Cn^{\frac{1}{2}} + Dn$$

mit H = Planungshorizont
 f = Lastanstiegsfaktor
 q = Zinsfaktor

Unter der Bedingung, dass die Proportionalitätsfaktoren

$$A \geq 0$$
$$B \geq 0$$
$$C \geq 0$$
$$D \geq 0$$

sind, hat die in Gl. 5.14 beschriebene Funktion im Bereich $n \geq 0$ ein reelles Minimum, wie eine Kurvendiskussion zeigt. Aber es ist auch an-

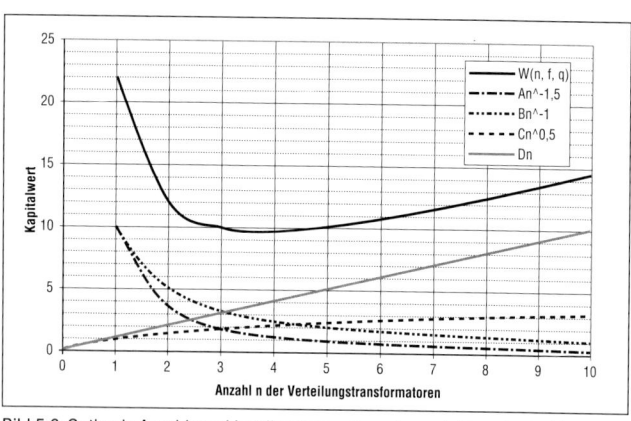

Bild 5.6 Optimale Anzahl von Verteilungstransformatoren bei konstanter Versorgungsfläche und bestimmter Spitzenlast.
(Generalisierte Darstellung)

schaulich zu erklären, da die ersten beiden Terme im Bereich n ≥ 0 monoton fallen, die anderen monoton steigen und so bei der Summenbildung ein von oben konkaver Funktionsverlauf entsteht (Bild 5.6). Die Gewinnung der 4 Proportionalitätsfaktoren ist recht schwierig, da die ganze Topologie des Netzes darin eingeht.

5.3.4 Vergleich der Verluste und der jährlichen Verlustkosten bei Parallelbetrieb von 2 Transformatoren

Eine immer wiederkehrende Frage, die sowohl den Betrieb als auch die Planung betrifft, ist die Wirtschaftlichkeit des Parallelbetriebs zweier Transformatoren zwecks Verlusteinsparung. Dazu ist die Netzlast zu bestimmen, ab der der Parallelbetrieb zweier Transformatoren kostengünstiger ist als der Betrieb nur eines Transformators.

Vorausgesetzt wird, dass alle Komponenten der Schaltanlagen der deutlichen Erhöhung des Kurzschlussstromes gewachsen sind und die Voraussetzungen für einen Parallelbetrieb mit gleicher Lastaufnahme erfüllen. Da beide Transformatoren vorhanden sein sollen, für den beabsichtigten Parallelbetrieb keiner beschafft wird, bleiben die Investitionskosten außer Ansatz. Bei unterschiedlichen Bemessungsleistungen ändert sich der Rechnungsansatz dementsprechend. So kann an die Lösung herangegangen werden:

Mit

k_{Vo} = jährliche Kosten der lastunabhängigen Verluste in €/kW · a
PVo = lastunabhängige Leistungsverluste in kW
σ = relative Belastung bezogen auf einen Transformator
k_{VK} = jährliche Kosten der lastabhängigen Verluste bei Bemessungslast in €/kW · a
P_{VK} = lastabhängige Leistungsverluste bei Bemessungslast in kW

können die jährlichen Verlustkosten des ersten Transformators wie folgt beschrieben werden

(Gl. 5.15) $$K_V = k_{Vo}P_{Vo} + \sigma^2 k_{VK} P_{VK} \qquad \left[\frac{€}{a}\right]$$

die des zweiten

(Gl. 5.16) $$K'_V = k_{Vo}P'_{Vo} + \sigma^2 k_{VK} P'_{VK} \qquad \left[\frac{€}{a}\right]$$

Bei Parallelbetrieb und gleicher Lastaufnahme ergibt sich für die Verlustkosten K_V''

(Gl. 5.17) $$K_V'' = k_{Vo}\left(P_{Vo} + P_{Vo}'\right) + \frac{\sigma^2}{4} k_{VK}\left(P_{VK} + P_{VK}'\right) \quad \left[\frac{€}{a}\right]$$

Der Parallelbetrieb ist kostengünstiger, wenn $K_V \geq K_V''$ und damit

(Gl. 5.18) $$k_{Vo}P_{Vo} + \sigma^2 k_{VK}P_{VK} \geq k_{Vo}\left(P_{Vo} + P_{Vo}'\right) + \frac{\sigma^2}{4}\left(P_{VK} + P_{VK}'\right) \left[\frac{€}{a}\right]$$

ist. Löst man Gl. 5.18 nach σ auf, erhält man

(Gl. 5.19) $$\sigma \geq 2\sqrt{\frac{k_{Vo}P_{Vo}'}{k_{VK}\left(3P_{VK} - P_{VK}'\right)}}$$

als Bedingung für die Wirtschaftlichkeit des Parallelbetriebs zweier Transformatoren. Im Sonderfall

$$P_{VK}' = P_{VK}$$

gilt

(Gl. 5.20) $$\sigma \geq \sqrt{\frac{2k_{Vo}P_{Vo}'}{k_{VK}P_{VK}}}$$

Aus Gl. 5.20 erkennt man, dass die relative Mindestlast nicht nur vom Verhältnis der lastunabhängigen zu den lastabhängigen Leistungsverlusten abhängt, sondern auch vom Verhältnis der jährlichen lastunabhängigen zu den jährlichen lastabhängigen Verlustkosten pro kW abhängt. Bei der gewählten Konstellation muss die relative Belastung eines Transformators mindestens auf 0,894 anwachsen, ehe das dauernde Parallelschalten eines zweiten Transformators wirtschaftlich zu vertreten ist.

5.3.5 Ersatz eines Transformators durch einen mit niedrigeren Verlusten

Verteilungstransformatoren haben eine sehr hohe technische Lebensdauer. Sie können durchaus 50 Jahre und mehr genutzt werden. Wegen der zu erwartenden technischen Verbesserungen im Verlaufe dieser Zeit stellt sich die Frage, wann es wirtschaftlich ist, einen alten, aber betriebstüchtigen Transformator durch einen modernen mit niedrigeren Verlusten zu ersetzen.

Seien

$A(0)$ der Wert des vorhandenen Transformators zum beabsichtigten Tauschzeitpunkt

$A'(0)$ der Wert des Ersatztransformators zum beabsichtigten Tauschzeitpunkt

k_{Vo} die lastunabhängigen Leistungsverlustkosten pro kW und Jahr

P_{Vo} die lastunabhängigen Leistungsverluste in kW des vorhandenen Transformators

P'_{Vo} die lastunabhängigen Leistungsverluste in kW des Ersatztransformators

k_{VK} die lastabhängigen Leistungsverlustkosten pro kW und Jahr

P_{VK} die lastabhängigen Leistungsverluste in kW des vorhandenen Transformators

P'_{VK} die lastabhängigen Leistungsverluste in kW des Ersatztransformators

m die Nutzungsdauer des Ersatztransformators, von dem ab das Vorhaben wirtschaftlich wird

σ die relative Belastung beider Transformatoren zum Tauschzeitpunkt

D und M der Demontage- bzw. Montageaufwand

dann gilt für den Kapitalwert des vorhandenen Transformators

(Gl. 5.21) $$W = A(0) + k_{Vo}P_{Vo}\sum_{v=1}^{m}\frac{1}{q^v} + \sigma^2 k_{VK}P_{VK}\sum_{v=1}^{m}\left(\frac{f^2}{q}\right)^v \quad [€]^i$$

und für den des Ersatztransformators

(Gl. 5.21) $$W' = A'(0) + k_{Vo}P'_{Vo}\sum_{v=1}^{m}\frac{1}{q^v} + \sigma^2 k_{VK}P'_{VK}\sum_{v=1}^{m}\left(\frac{f^2}{q}\right)^v \quad [€]$$

Bis auf die Mindestnutzungsdauer m des Ersatztransformators sind alle Werte vorgegeben. Sie ist so zu variieren, dass W' < W wird. Daraus folgt nach einigen Schritten die Bedingung
(Gl. 5.23)

$$A(0) - A'(0) - D - M + k_{Vo}\left(P_{Vo} - P'_{Vo}\right)\sum_{v=1}^{m}\frac{1}{q^v} + \sigma^2 k_{VCu}\left(P_{VK} - P'_{VK}\right)\sum_{v=1}^{m}\left(\frac{f^2}{q}\right)^v > 0$$

Ist die vorgesehene Nutzungsdauer des Ersatztransformators größer als die Mindestnutzungsdauer, ist das Vorhaben wirtschaftlich vertretbar. Zu bedenken ist, dass auch andere Kriterien wie z. B. Geräusche Auslöser für einen Tausch sein können. Sind hier gewisse Grenzwerte überschritten, tritt die Frage der Wirtschaftlichkeit zurück.

Im folgenden Beispiel sei angenommen, dass der vorhandene Transformator 400 kVA bereits abgeschrieben ist und durch einen neuen mit gleicher Bemessungsleistung ersetzt wird. Das dürfte in den meisten Fällen der Realität entsprechen. Es seien

$$A(0) = 0$$
$$k_{Vo} = 1{,}3\ \text{€/kW} \cdot \text{a}$$
$$k_{VK} = 0{,}6\ \text{€/kW} \cdot \text{a}$$
$$P_{VK} - P'_{VK} = 1000\ \text{W}$$
$$\sigma = 0{,}8$$
$$f = 1{,}06$$
$$q = 1{,}06$$

$P_{Vo} - P'_{Vo}$ wird variiert zwischen 0 und 1000 W. Das Ergebnis ist in Bild 5.7 grafisch dargestellt.

Man erkennt, dass bei der gewählten Konstellation eine Verringerung der lastunabhängigen Verluste um 200 W und Verringerung der lastabhängigen um 1000 W eine Mindestnutzungsdauer des Ersatztransformators von 30 Jahren gewährleistet sein muss, um das Vorhaben wirtschaftlich zu machen.

Um einmal den Einfluss des Wertes des Ersatztransformators abzuschätzen, sei auch A'(0) = 0 gesetzt. Dann ergibt sich der Verlauf der Kapitalwertdifferenzen bei sonst gleichen Parametern aus Bild 5.8. Wenn also bereits gebrauchte Transformatoren mit niedrigeren Verlusten als

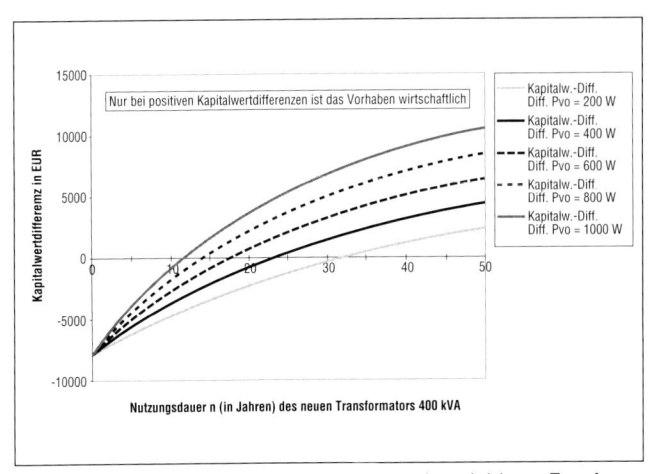

Bild 5.7 Wirtschaftlichkeit des Tausches eines alten, abgeschriebenen Transformators 400 kVA gegen einen neuen gleicher Bemessungsleistung mit niedrigeren lastunabhängigen und um 1000 W niedrigeren lastabhängigen Verlusten bei $\sigma = 1$

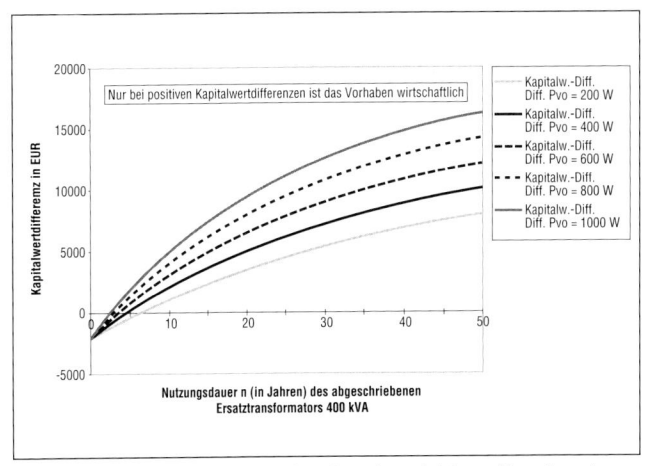

Bild 5.8 Wirtschaftlichkeit des Tausches eines abgeschriebenen Transformators 400 kVA gegen einen ebenfalls abgeschriebenen gleicher Bemessungsleistung mit niedrigeren lastunabhängigen und um 1000 W niedrigeren lastabhängigen Verlusten bei $\sigma = 1$

Ersatz verwendet werden, verringert sich bei der gewählten Konstellation deren Mindestnutzungsdauer.

Die Wirtschaftlichkeit des Vorhabens kann also durch Verwendung gebrauchter, teilweise abgeschriebener Transformatoren mit niedrigeren Verlusten verbessert werden.

5.4 Einflüsse auf die Gestaltung von Anlagen und Netzen

Neben den Belastungen der Betriebsmittel gibt es noch eine Reihe von anderen Einflüssen, die Auswirkungen auf die Gestaltung von Anlagen und Auslegung von Transformatoren haben. Damit sind nicht die Auswirkungen auf die Projektierung und Auslegung der Anlagen und Netze gemeint, sondern solche, die schon bei der Planung unbedingt beachtet werden müssen.

5.4.1 Spannungsebenen

In Deutschland hat sich in städtischen Netzen das Dreispannungsnetz weitgehend durchgesetzt, in regionalen Netzen ist vielfach das Vierspannungsnetz zu finden.

Im Dreispannungsnetz sind die Spannungen

>   110 kV
>   10 oder 20 kV
>   0,4 kV

im Vierspannungsnetz die Spannungen

>   110 kV
>   30 kV als erste Mittelspannung
>   10 kV als zweite Mittelspannung
>   0,4 kV

vertreten.

In Gebieten mit dünner Besiedelung und großen Versorgungsentfernungen kann es vorteilhaft sein, die zweite Mittelspannung zu umgehen und direkt von 30 kV auf 0,4 kV umzuspannen. Die Regel sollte sein, mit möglichst wenigen Spannungsstufen (und damit auch wenigen Transformatoren) auszukommen und so den Aufwand für eine weitere einzusparen. Auf alle Fälle ist eine Systemoptimierung notwendig, um die Zahl der Spannungsstufen festzulegen.

Auch die Frage, ob 10 kV oder 20 kV die Standard-Mittelspannung sein soll, kann nur mit dieser Methodik beantwortet werden. Dabei spielt der Gesichtspunkt des Wertes des vorhandenen Netzes und der Anlagen eine nicht unwesentliche Rolle. So ist in Großstädten vornehmlich die Spannung 10 kV zu finden, weil die dafür nötigen Umspannstationen oftmals alle vorhanden sind und eine Umstellung auf die höhere Mittelspannung in Anbetracht der Anlagenwerte keinen oder nur geringen Nutzen bringt.

5.4.2 Spannungshaltung

Die DIN-IEC-Bestimmung 38 verlangt am Niederspannungs-Hausanschluss bei normalen Betriebszuständen eine Spannung von mindestens 207 Volt. Die inzwischen erarbeitete DIN-EN 50160 ist etwas weicher gefasst. Sie verlangt, dass 95% aller Zehnminutenmittelwerte der Effektivspannung im Wochenintervall zwischen 207 V und 253 V liegen müssen. Inwieweit alte, noch in Mengen vorhandene Vorschaltgeräte für Leuchtstofflampen und andere alte Verbrauchsmittel der neuen Spannungsobergrenze gewachsen sein werden, ist abzuwarten. Alle Investitionen und Maßnahmen sind darauf auszurichten, dass die Spannung im Niederspannungsnetz in diesem Toleranzbereich bleibt. Anzuraten ist, die Spannungsobergrenze zunächst nicht auszunutzen.

Damit ist abhängig von der Spannung in der Verteilungsstation und der Belastung einer Niederspannungsleitung deren Reichweite begrenzt. Die Spannungsverhältnisse am Ende dieser Leitung kann man verbessern, wenn auch noch der Spannungsfall im Mittelspannungsnetz und die Spannungsänderung im Verteilungstransformator neutralisiert werden. Zu diesem Zweck müssen Leistungstransformatoren eingesetzt werden, bei denen die Unterspannung unter Last einstellbar ist. Die Verstellung kann von Hand oder – mit besserem Ergebnis – automatisch erfolgen. Regelgeräte vergleichen die Netzspannung mit einem eingestellten Sollwert und geben die entsprechenden Verstellbefehle an den Stufenschalter des Transformators. Dadurch wird aber nur die Spannungsänderung des Transformators in der Umspannstation ausgeregelt. Soll auch der Spannungsfall im Mittelspannungsnetz und die Spannungsänderung der Verteilungstransformatoren kompensiert werden, ist der Sollwert der Sammelschienenspannung abhängig von der Belastung einzustellen. Diese belastungsabhängige Sollwertbeeinflussung bieten heute viele Spannungsregler. Bei ihrer Anwendung muss darauf geachtet werden, dass die Spannung an keinem Hausanschluss 253 (!) Volt überschreiten darf. Damit ist eine obere Grenze für die Sollwertveränderung gegeben, die auch zu überwachen ist.

5.4.3 Kurzschlussbeanspruchung

Im Kurzschluss fließen beachtliche Ströme im Netz und in den Anlagen, die die Betriebsmittel dynamisch und thermisch beanspruchen. Außerdem müssen die Leistungsschalter die Fehlerströme abschalten können. Die entsprechende Dimensionierung der Anlagen und Betriebsmittel ist Aufgabe der Projektierung.

Die Planung muss sich aber mit dem Wachstum der Kurzschlussströme in den Netzen befassen, das sich durch den Bau von neuen Kraftwerken und die Erweiterung der Netze ergibt. Auch die Erhöhung der Transformatorenleistung in den Umspann- und Verteilungsstationen gehört dazu. Bei Transformatoren kann der Kurzschlussstrom durch Erhöhung der Kurzschlussspannung in Grenzen gehalten werden. Damit wird aber die Spannungsänderung des Transformators größer und die Grenze dieser Möglichkeit erkennbar. Für den Einbau von Drosseln gilt das Gleiche, da zusätzlicher Spannungsfall kompensiert werden muss.

Ein anderer Weg führt zu Netzteilungen, die über Transformatoren gekoppelt werden. Steht aber kein Platz für die Aufstellung weiterer Transformatoren in einer Umspannstation zur Verfügung, kann der Kurzschlussstrom bei einer unumgänglichen Erhöhung der Bemessungsleistung durch Einsatz von Dreiwicklungstransformatoren mit zwei Unterspannungswicklungen und entsprechender Teilung der Mittelspannungs-Schaltanlage in den vorgegebenen Grenzen gehalten werden. Diese werden nicht nur von den Anlagen der Umspannstation, sondern vor Allem von den vielen Verteilungsstationen in deren Versorgungsbereich bestimmt.

Dreiwicklungstransformatoren bringen Probleme für die Spannungshaltung ein, da sie nur eine Oberspannungswicklung aufweisen und so auch nur mit einem Stufenschalter ausgerüstet werden können. Wenn die Belastungen der beiden Unterspannungswicklungen unterschiedlich in der Höhe und/oder dem zeitlichen Verlauf sind, muss zum einen dafür Sorge getragen werden, dass die zulässige höchste Spannung an keinem Hausanschluss überschritten, zum anderen die zulässige Mindestspannung am entferntesten Hausanschluss nicht unterschritten wird. Als Ausweg aus diesem Dilemma bietet sich der Einsatz von Vierwicklungstransformatoren mit zwei Oberspannungswicklungen und zwei Stufenschaltern sowie zwei magnetisch entkoppelten Unterspannungswicklungen an.

In den Verteilungsstationen kann die Transformatorenleistung ebenfalls nicht unbegrenzt erhöht werden. Wird hier der zulässige Kurzschlussstrom überschritten, muss eine weitere Verteilungsstation errichtet und das Niederspannungsnetz auf die beiden Stationen aufgeteilt werden, oder die Niederspannungs-Anlage und das zugehörige Niederspannungsnetz umgebaut werden, letzteres zumindest teilweise. Vorausschauend sollte dieser Anlagenteil so bemessen sein, dass er und das versorgte Netz den während der beabsichtigten Nutzungsdauer zu erwartenden Kurzschlussbeanspruchungen gewachsen ist.

5.4.4 Sternpunktbehandlung

Bei allen Arten der Sternpunktbehandlung sind die Bestimmungen der DIN-VDE 0141 einzuhalten. Das ist Aufgabe der Projektierung. Bei der Planung eines Netzes wird nur betrachtet, ob die vorgesehene Art der Sternpunktbehandlung und die der Transformatoren dafür geeignet ist oder geändert werden muss.

In Mittelspannungsnetzen mit freiem Sternpunkt ist eine obere Grenze für den Erdschlussstrom festzusetzen, um die Schäden im Fehlerfall nicht zu groß werden zu lassen. Bei diesem höchstmöglichen Fehlerstrom dürfen die zulässigen Schritt- und Berührungsspannungen nicht überschritten werden. Sind die Werte nach DIN-VDE 0141 eingehalten, können sowohl Mittelspannungsfreileitungs- als auch -kabelnetze mit freiem Sternpunkt betrieben werden. In letzteren kann der Fehler in einen Doppelerdschluss oder dreipoligen Kurzschluss übergehen, so dass die Leitung oder der Transformator durch den Schutz abgeschaltet wird. Ein Netzschutz mit Erdschlusserfassung kann die Fehlersuche durch Eingrenzung der betroffenen Leitung erleichtern. Dann bleibt noch die Suche in den Teilstrecken zwischen den Verteilungsstationen und in diesen.

Die Erdschlusskompensation hat ihre beste Wirkung in Freileitungsnetzen. In Kabelnetzen wächst der Erdschlussreststrom mit der Länge des Netzes rasch an. Voraussetzung für die Erdschlusskompensation ist ein herausgeführter, belastbarer Sternpunkt des versorgenden Transformators. Wenn der Fehler nicht schnell gefunden wird, führt vor allem in Kabelnetzen der weiterhin fließende Reststrom zu Zerstörungen, die den Übergang in einen Doppelerdschluss oder Kurzschluss mit Auslösung zur Folge haben können. Vor allem bei intermittierenden Erdschlüssen ist dieses Ende vorprogrammiert. Auch hier kann ein Netzschutz mit Erdschlusserfassung die Fehlersuche erleichtern.

Die wirksame Sternpunkterdung – dauernd oder zeitweilig – setzt beim versorgenden Transformator wieder einen belastbaren herausgeführten Sternpunkt voraus. Sie führt bei jedem Erdfehler zur Abschaltung der betroffenen Leitung, wenn der Fehlerstrom den Anregestrom des Netzschutzrelais übersteigt. Für den Betrieb läuft die Fehlersuche nach dem gleichen Plan ab, der für Störungen mit Versorgungsunterbrechungen gilt. Von vornherein herrschen auch bei Erdfehlern in Mittelspannungs-Kabelnetzen klare Verhältnisse.

Die Erdkurzschlussströme in Mittelspannungsnetzen sollten auf Werte unter 1.500 A begrenzt werden, um die Beeinflussung von Informationskabeln klein zu halten (siehe DIN-VDE 0141). Dabei muss sichergestellt sein, dass in allen Fehlerfällen die Anregung des Schutzes überschritten wird.

Letzteres gilt auch für die Erdkurzschlussströme in Hochspannungsnetzen, die allerdings nur insoweit begrenzt werden dürfen, dass auch im Schwachlastfall der Schutz sicher angeregt wird. Die Begrenzung erfolgt in diesen Netzen am einfachsten durch Anzahl, Dimensionierung und Ort der Erdungs-Drosselspulen. Zu beachten ist, dass die Transformatoren auf der Oberspannungsseite sternpunktbelastbar sein müssen und deren Sternpunkt herausgeführt ist.

5.4.5 Schieflast

Im EVU-Netz tritt unter normalen Betriebszuständen eine Schieflast nur im Niederspannungsnetz auf. Ihr Ausmaß ist gering, da schon auf einer Leitung, die etwa 50 Wohnungen versorgt, eine gewisse Symmetrierung durch die große Anzahl und die Aufteilung der Lasten auf die Leiter eintritt. Diese Symmetrierung verstärkt sich noch in der Verteilungsstation durch das Zusammentreffen mehrerer Leitungen in der Station. Bereits auf der Oberspannungsseite herrscht Symmetrie, die auch durch Kundenanlagen im Mittel- und Hochspannungsnetz nicht gestört wird, wenn nur Drehstromanschlüsse zugelassen werden. Als Verteilungstransformatoren werden solche der Schaltgruppe Dy5 (voll sternpunktbelastbar) oder Yz5 (ca. 30 % sternpunktbelastbar) eingesetzt.

In Industrienetzen findet die o.g. Symmetrierung oftmals nicht statt. Abhilfe besteht in der Änderung der Anschlüsse von Einphasen-Lasten so, dass angenäherte Symmetrie entsteht. Auch hier ist die Verwendung von sternpunktbelastbaren Transformatoren (Schaltgruppe Dy5 oder Yz5) geboten.

5.4.6 Umweltschutz-Gesetzgebung

Die Umsetzung der Umweltschutzgesetze ist vor allem Sache der Projektierung und des Netzbetriebs. Durch ihre Beachtung z. B. schon bei der Optimierung und Standardisierung der Betriebsmittel kann der planende Ingenieur deren Arbeit jedoch erleichtern. Die inzwischen verbotenen Betriebsstoffe stellen für die Planung keine Arbeitsgrundlage mehr dar.

Durch PCB-Verbotsverordnung und Immissionsschutzgesetz ist die Auswahl bei Transformatoren eingeschränkt. Zugelassene Isolier- und Kühlmittel sind z. B.

> Mineralöl
> synthetische Isolieröle ohne Schadstoffe
> Gießharze u. ä.
> Schwefelhexafluorid.

Die zukünftige Verwendung von Schwefelhexafluorid dürfte von seiner dann festgestellten Menge in der Atmosphäre abhängen, da dieser Stoff zu den Klimaschädigern zählt.

Grenzen der Geräuschentwicklung werden im Immissionsschutzgesetz und in den Technischen Anweisungen Lärm (TA Lärm) gesetzt, um Gesundheitsschäden durch Geräusche zu verhindern.

Bei der Standardisierung von Verteilungstransformatoren greift die TA Lärm, die je nach Bebauung und Nutzung obere Grenzen der Geräuschentwicklung festlegt. Wegen ihrer unvermeidbaren Nähe zu Wohnungen sollten Standard-Verteilungstransformatoren immer die Grenze der Geräuschentwicklung für reine Wohnbebauung und -nutzung einhalten, damit sie überall einsetzbar sind. Auch unter den oben gezeigten Einschränkungen bestehen noch genügend Auswahlmöglichkeiten zur Standardisierung von Verteilungstransformatoren.

Bei der Standortauswahl von Verteilungsstationen müssen die Bestimmungen des Wasserhaushaltsgesetzes, der Gewässerschutzverordnung und der Bundesimmissionsschutz-Verordnung Nr. 26 beachtet werden. So ist es z. B. nicht erlaubt, in der Nähe von Gewässern Verteilungsstationen mit Öltransformatoren zu errichten, die keine geeignete Ölauffangvorrichtung besitzen. So sollen Gewässerverunreinigungen verhindert werden. Für gießharz- und gasisolierte Verteilungstransformatoren gibt es derzeit keine gesetzlichen Einschränkungen.

5.5 Anschluss von Transformatoren im Netz

Unter Verteilungs-Schaltanlagen sind die Verteilungsstationen (auch Ortsnetzstationen, Netzstationen oder Transformatorstationen genannt) und Umspannstationen (Umspannwerke, Abspannwerke) zu verstehen. Sie stellen jeweils die Bindeglieder zwischen den Netzen verschiedener Spannungen dar und werden im Wesentlichen nach den folgenden Kriterien beurteilt:

- Aufwand
- Übersichtlichkeit
- Umfang der nicht verfügbaren Anlagenteile bei geplanten Arbeiten und Dauer der möglichen daraus resultierenden Versorgungsunterbrechung
- Umfang einer Störung nach einem Fehler und Dauer der daraus resultierenden Versorgungsunterbrechung

Die Unterbrechungsdauer[8,9], nach Störungen ist die Zeit, die sich vom Eintritt der Störung bis zur Wiederversorgung des Kunden erstreckt. Sie kann sowohl durch Investitionen (z. B. Fernsteuerungen und Umschalt-

---

[8] Nagel, H.: Ein System von Planungsgrundsätzen als Fundament einer systematischen Netzplanung. Elektrizitätswirtschaft 93 (1994) 22

[9] Ewelt, K. P.: Bestimmung der Versorgungssicherheit von Stromverteilungsnetzen. Elektrizitätswirtschaft 68 (1969) 9

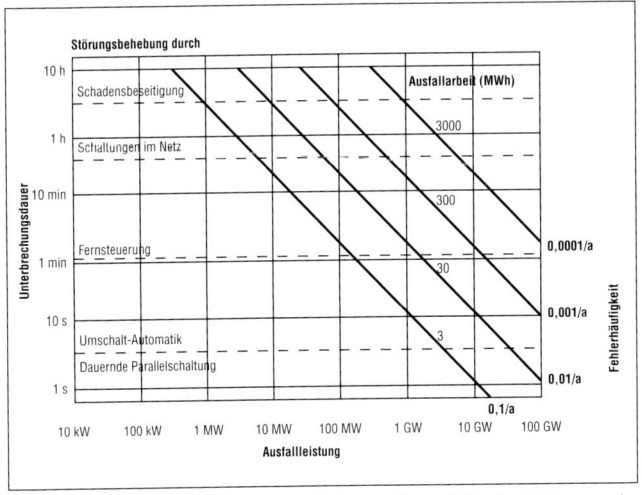

Bild 5.9 Hinnehmbare Ausfalldauer, abhängig von der ausfallenden Leistung und der Eintrittswahrscheinlichkeit einer Störung

Automatiken) als auch durch administrative Maßnahmen (z. B. Bemessung der Betreuungsfläche von Betriebs-Dienststellen) beeinflusst werden. Lässt man bei jeder Störung als Folge eine bestimmte Ausfallarbeit zu, die jeweils von der Eintrittswahrscheinlichkeit der Störung abhängt, folgt daraus für jede ausgefallene Last eine bestimmte Unterbrechungsdauer (Bild 5.9).

Das (n-1)-Prinzip kann nicht konsequent durch alle Netze in der Form beibehalten werden, dass für jedes Betriebsmittel ein Reserve-Betriebsmittel vorgehalten wird. Vielmehr muss davon ausgegangen werden, dass für jede ausfallende Leistung eine Reserve-Leistung vorgehalten wird, die nicht immer sofort, sondern erst nach Ablauf einer gewissen Zeit – der Unterbrechungsdauer – aktiviert werden kann. Deren Hinnehmbarkeit ist zu ermitteln.

Die hinnehmbaren Unterbrechungsdauern sind logisch nicht herzuleiten. Vielmehr müssen Reaktionen der Kunden und betriebliche Maßnahmen ausgewertet und gegeneinander abgewogen werden. Das ist ein schwieriger, aber notwendiger Prozess.

5.5.1 Verteilungsstationen

In den Verteilungsstationen wird die Mittelspannung ($U \leq 30$ kV) auf die Niederspannung 400(230) V zur Versorgung aller Niederspannungskunden abgespannt. Zwei Bauweisen sind zu unterscheiden: Maschennetzstationen und Nicht-Maschennetzstationen. Letztere sind in der Mehrzahl. Sie werden zur Versorgung von Strahlen-, Ring- und vermaschten Niederspannungs-Inselnetzen eingesetzt.

Der Aufbau der Schaltanlagen und die Mindestausrüstung von Nicht-Maschennetzstationen mit Geräten ist aus Bild 5.10a zu entnehmen. Mit Ausnahme der Mittelspannungsleitungen kann im Störungsfall kein Betriebsmittel durch ein entsprechendes, einsatzbereites ersetzt werden.

Die Niederspannungsleitungen sind mit Niederspannungs-Hochleistungssicherungen gegen Kurzschluss geschützt. Ihre zulässige Höchstlast im Normalbetrieb liegt zwischen ca. 100 und 150 kVA, je nach gewähltem Standardquerschnitt. Die Unterbrechungsdauer nach einer Störung darf etwa 10 Stunden betragen (s. Bild 5.9), eine Zeit, in der eine Reparatur ausgeführt oder Notstromaggregate herangeschafft

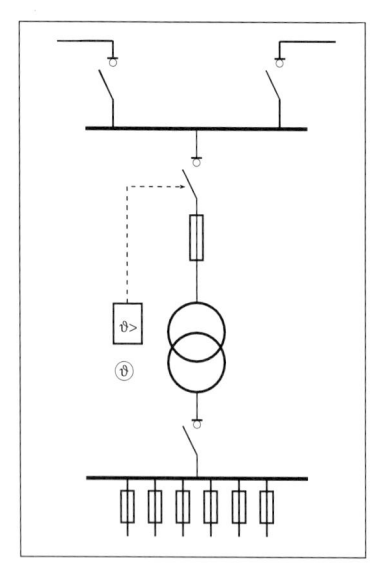

Bild 5.10a Grundschaltbild einer Verteilungsstation in der Bauweise „Nicht-Maschennetzstation".

sein oder aber benachbarte Stationen die Versorgung übernommen haben können.

Die Niederspannungs-Sammelschiene und der Transformator werden im Kurzschluss durch eine Hochspannungs-Hochleistungssicherung geschützt. Die Sicherung kann mit Schlagstift ausgerüstet sein, der den vorgeschalteten Lasttrennschalter auslöst. Dadurch wird im Falle einer Auslösung der Transformator allpolig abgeschaltet. Zusätzlich hat der Transformator einen Übertemperaturschutz, der auf den vorgeschalteten Lasttrennschalter wirkt, als Überlastschutz und Schutz gegen stromschwache innere Fehler des Transformators.

Die zulässige Höchstlast eines Transformators 400 kVA im Normalbetrieb beträgt etwa 500 kVA, bei einem Transformator 630 kVA etwa 800 kVA. Die zulässige Unterbrechungsdauer nach einer Störung der Niederspannungs-Sammelschiene oder des Transformators beträgt wegen deren Seltenheit etwa 10 Stunden. Innerhalb dieser Zeit kann die Last der ausgefallenen Station auf die benachbarten verlagert sein.

Der Transformator in einer Verteilungsstation wird in regelmäßigen Zeitabständen während einer Begehung überwacht. Die abgelesenen Messwerte und die Beobachtungen über den Zustand werden schriftlich festgehalten und ausgewertet. Von besonderer Bedeutung ist die Öltemperatur, da sie die beste Aussage über die Höchstbeanspruchung des Transformators liefert.

Maschennetzstationen unterscheiden sich von den vorigen im Aufbau nur dadurch, dass auf der Unterspannungsseite des Verteilungstransformators ein Niederspannungs-Leistungsschalter und ein Maschennetz-Relais (ein spezielles Richtungsrelais) eingebaut sind. Bei einem Fehler im Mittelspannungsnetz fließen Kurzschlussströme aus dem Niederspannungsnetz über die Verteilungstransformatoren in die Fehlerstelle, die das jeweilige Maschennetz-Relais erfasst und den Niederspannungs-Leistungsschalter auslöst (Bild 5.10b).

Im Niederspannungs-Maschennetz tritt nach einer Störung einer Mittelspannungsleitung, der Mittelspannungs-Schaltanlage der Verteilungsstation, des Verteilungstransformators oder der Niederspannungs-Sammelschiene der Verteilungsstation tritt bei normalem Ablauf der Störung keine Versorgungsunterbrechung ein. Lediglich bei Störungen an Niederspannungsleitungen gelten die gleichen Unterbrechungsdauern wie in Nicht-Maschennetzen. Die Überwachung ist gleich der von Nicht-Maschennetzstationen.

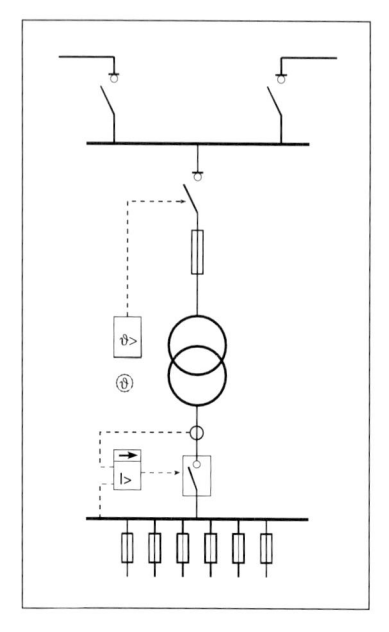

Bild 5.10b Grundschaltbild einer Verteilungsstation in der Bauweise „Maschennetzstation"

Bei Verteilungstransformatoren werden regelmäßige Untersuchungen der elektrischen und chemischen Werte nur selten vorgenommen, da die Beanspruchung der Isolierflüssigkeit relativ gering ist. Wo untersucht wird, beschränkt man sich in der Regel auf Feststellung der Durchschlagfestigkeit.

5.5.2 Umspannstationen

Umspannstationen sind Bindeglieder zwischen dem Mittelspannungs- und dem Hochspannungs-Verteilungsnetz. In ihnen werden wesentlich höhere Energiemengen umgesetzt als in den Verteilungsstationen. Damit werden die hinnehmbaren Unterbrechungsdauern nach Störungen sehr viel kürzer und liegen im Wesentlichen im Bereich einstelliger Minutenzahlen. In den Umspannstationen ist also der Einsatz einer Fernsteuerung oder Umschaltautomatik angezeigt, deren Einflussbereich je nach Bauweise unterschiedlich ist.

Nach der Art der Reservestellung bei Ausfällen von Transformatoren können zwei Bauformen unterschieden werden:

- In **eigensicheren** Umspannstationen steht entweder ein Reservetransformator zur Verfügung oder die benötigte Reserveleistung ist durch Überdimensionierung der Betriebstransformatoren bereitgestellt. Sie sind für die Versorgung aller polaren und unpolaren Mittelspannungsnetze geeignet.
- In **nicht-eigensicheren** Umspannstationen wird die benötigte Reserveleistung zumindest teilweise über das Mittelspannungsnetz aus einer oder mehreren anderen Umspannstationen herantransportiert. Sie sind a priori nur für die Versorgung von unpolaren Mittelspannungsnetzen geeignet. Sollen polare Netze aus nicht-eigensicheren Umspannstationen versorgt werden, sind zusätzliche Aufwendungen für den Leistungstransport zwischen den Stationen erforderlich.

Beide Bauformen von Umspannstationen können auf der Mittelspannungsseite mit Einfach- oder Doppelsammelschienen-Schaltanlagen errichtet werden.

Die eigensichere Umspannstation aus Bild 5.11 hat eine gesicherte Leistung von $3 \cdot S_N$ und eine installierte Transformatorenleistung von $4 \cdot S_N$. Für Aufstellung und Anschluss der vier Transformatoren sind vier Hochspannungs-Schaltzellen, sechs Mittelspannungs-Schaltzellen und vier Transformatorkammern erforderlich. Die vier Hochspannungs- und sechs Mittelspannungs-Leistungsschalter müssen fernsteuerbar sein. In polaren Netzen ist bei Einfach-Sammelschiene eine Sammelschienen-Längstrennung vorzusehen, damit z. B. Anfang und Ende eines Ringes verschiedenen Abschnitten zugeordnet werden können.

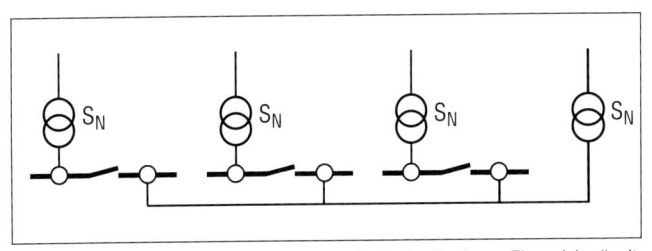

Bild 5.11 Grundschaltbild einer Umspannstation in der Bauform „Eigensicher" mit gesondertem Reservetransformator

Diese Bauform ist einfach und übersichtlich. Die Betriebstransformatoren sind nicht miteinander verknüpft. Damit ist auch eine einfache Betriebsführung ermöglicht. Nach Ausfall eines Betriebstransformators wird der Reservetransformator zur Störungsbehebung über Fernsteuerung oder durch eine Umschaltautomatik zugeschaltet. Nach einem Sammelschienenfehler in der Mittelspannungs-Schaltanlage werden die Längstrennung geöffnet und die Trennstellen im Mittelspannungsnetz verlagert.

Jeder Betriebstransformator versorgt nur ihm direkt zugeordnete Sammelschienen-Abschnitte, so dass ein modularer Aufbau der Umspannstation möglich wird. Erweiterungen werden ohne nennenswerte Erschwernisse für den laufenden Betrieb durch Anfügen eines weiteren Moduls durchgeführt, vorausgesetzt, die Größe des Grundstücks reicht aus. Andernfalls kann die Transformatorenleistung im Rahmen der gegebenen Einschränkungen durch die Kammern und die Zahl der Sammelschienen-Abschnitte erhöht werden.

Ein Modul, bestehend aus den elektrotechnischen und den hochbaulichen Einrichtungen für einen Betriebstransformator, sollte zukunftssicher bemessen werden, damit nicht der Hochbau die Grenze für das Leistungsvermögen der Umspannstation vorgibt. Die gemeinsamen Bereiche einer Umspannstation wie Reservetransformator, Eigenbedarf, Schutz- und Leittechnik werden in einem zentralen, genügend großen Gebäudeteil untergebracht.

Wird die Reserveleistung nicht aus einem gesonderten Transformator, sondern durch Überdimensionierung der Betriebstransformatoren bereitgestellt, ist ein Aufbau nach Bild 5.12 denkbar.

Die gesicherte Leistung dieser Umspannstation beträgt ebenfalls $3 \cdot S_N$, die installierte Transformatorenleistung $4{,}5 \cdot S_N$, also $0{,}5 \cdot S_N$ mehr als bei der Umspannstation mit gesondertem Reservetransformator. Für Aufstellung und Anschluss der drei Transformatoren werden drei Hochspannungs-Schaltzellen, neun Mittelspannungs-Schaltzellen und drei Transformatorenkammern benötigt. Die drei Hochspannungs- und neun Mittelspannungs-Leistungsschalter müssen fernsteuerbar sein.

Diese Bauform ist nicht so übersichtlich wie die mit gesondertem Reservetransformator. Zur gegenseitigen Reservestellung sind die Betriebstransformatoren miteinander verknüpft. Die Betriebsführung ist also etwas erschwert.

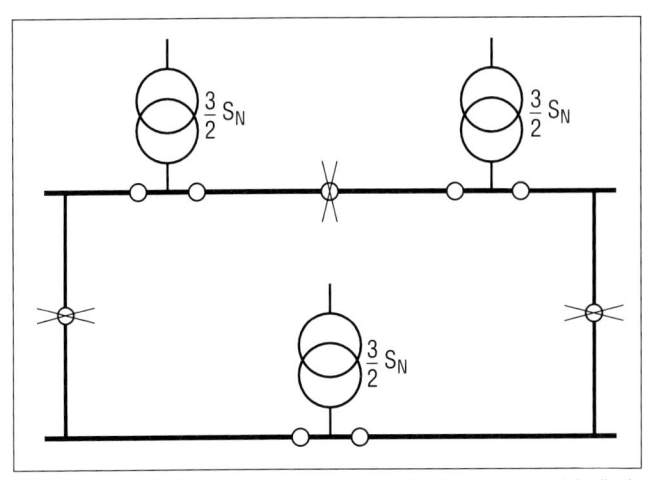

Bild 5.12 Grundschaltbild einer Umspannstation in der Bauform „Eigensicher" mit überdimensionierten Betriebstransformatoren

Jeder Betriebstransformator versorgt im Normalbetrieb nur ihm direkt zugeordnete Sammelschienen-Abschnitte. Im Störungsbetrieb werden jedoch die Sammelschienen-Abschnitte des ausgefallenen Transformators auf die verbliebenen aufgeteilt. Wegen der dazu erforderlichen Ringsammelschienen mit Längskupplungen ist ein modularer Aufbau kaum möglich. Aus dem gleichen Grund wird bei Erweiterungen der laufende Betrieb erschwert.

In polaren Netzen sind z.B. Anfang und eines Ende Ringes links und rechts von den beiden Transformatoreinspeisungen vorzusehen. Nach einem Sammelschienenfehler müssen die Trennstellen im Mittelspannungsnetz verlagert werden. Soll diese Umschaltung manuell vor Ort geschehen, muss die Last eines Sammelschienenabschnittes entsprechend begrenzt sein.

In unpolaren Mittelspannungsnetzen können die Umspannstationen auch nach Bild 5.13 betrieben werden. Drei untereinander verbundene Stationen stellen sich gegenseitig Reserve über das Mittelspannungsnetz durch Überdimensionierung der Betriebstransformatoren. Die gesicherte Leistung des Netzgebildes ist wie in der eben betrachteten Bauform $3 \cdot S_N$, die installierte Transformatorenleistung $4{,}5 \cdot S_N$. Für

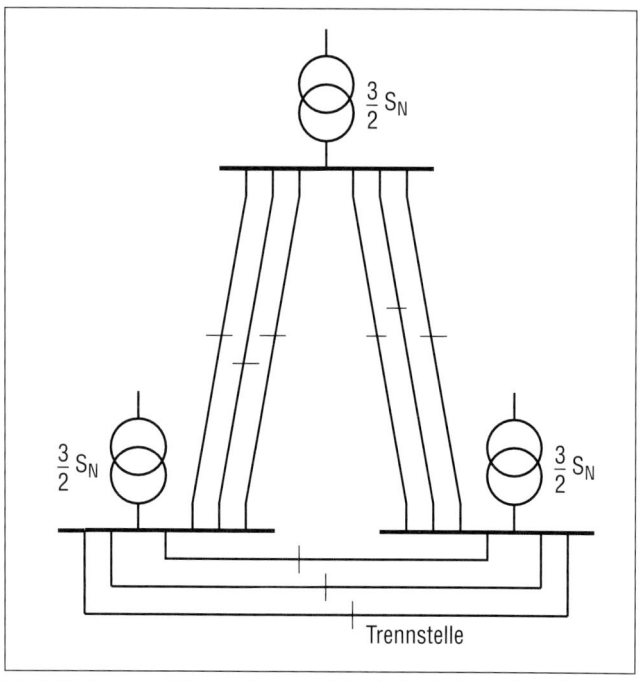

Bild 5.13 Grundschaltbild einer Umspannstation in der Bauform „Nicht-Eigensicher" im unpolaren Mittelspannungsnetz

Aufstellung und Anschluss der drei Transformatoren sind drei Hochspannungs-Schaltzellen, drei Mittelspannungs-Schaltzellen und drei Transformatorenkammern erforderlich.

Nach Ausfall eines Transformators oder nach einem Sammelschienenfehler müssen zur Störungsbehebung die Trennstellen im Mittelspannungsnetz verlagert werden. Bei den manuell vor Ort vorzunehmenden Schalthandlungen steht höchstens eine Zeit von einer Stunde zur Verfügung. Damit muss zur Einhaltung der hinnehmbaren Unterbrechungsdauer die Sammelschienenlast auf 16 MVA begrenzt werden, es sei denn, die Trennstellenverlagerung erfolgt durch Fernsteuerung oder Automatisierung. Dieser Aufwand wird sich in Anbetracht der Seltenheit des Ereignisses kaum lohnen ...

Wegen der Verknüpfung der Betriebstransformatoren über das Mittelspannungsnetz ist die Führung des Betriebes nicht so einfach wie bei eigensicheren Umspannstationen mit gesondertem Reservetransformator.

Alle Groß-Transformatoren werden orts- und fernüberwacht. Zu überwachen sind Ölstände, Öltemperatur, Stufenschalter, Spannungsregler, Spannung und Strom, Schutzkommandos. Vor Ort wird außerdem der äußere Zustand des Transformators beobachtet wie auch die Ölauffangvorrichtung. Bei letzterer ist vor allem die Dichtheit zu prüfen.

Als Schutz der Leistungstransformatoren wird ein Trafo-Differentialschutz, der auf Strom anspricht, und ein zweistufiger Buchholzschutz (Warnung und Auslösung) der auf Gasentwicklung anspricht, verwendet. Bei langsamer Gasentwicklung erfolgt die Warnung, bei Schwall die Auslösung. Als Reserveschutz kann auf der OS-Seite ein UMZ-Schutz installiert werden, der gleichzeitig als Mittelspannungs-Sammelschienenschutz herangezogen werden kann.

5.5.3 Hochspannungs-Schaltanlagen in Umspannstationen

Hochspannungs-Schaltanlagen sind so auszurüsten, dass bei einem Fehler in den nachgeschalteten Anlagen und Netzen der Störungsumfang sich auf das gestörte Betriebsmittel beschränkt. Auch müssen Arbeiten an Anlagenteilen gefahrlos und möglichst ohne Beeinträchtigung des laufenden Betriebes ausgeführt werden können. In diesem Buch werden nur einige Grundformen vorgestellt. Alle sind unabhängig von der Gestaltung der Umspannstationen und Mittelspannungsnetze.

Hochspannungs-Schaltanlagen in Strahlennetzen zeichnen sich durch Einfachheit aus. Je nach Betriebsweise ist ihr Umfang unterschiedlich.

Wenn Leitung und Transformator eine Einheit bilden, spricht man vom Blockbetrieb. Die Schutzkommandos des Transformators werden zum Leistungsschalter in der versorgenden Transportnetzstation übertragen. Für Arbeiten werden Transformator und Leitung mit dem Leistungsschalter der Transportnetzstation abgeschaltet. Zur Trennung des Transformators von der Leitung genügt eine lösbare Verbindung (Bild 5.14).

Diese Schaltung findet in regionalen Netzen kaum Anwendung, häufiger findet man sie in städtischen Netzen.

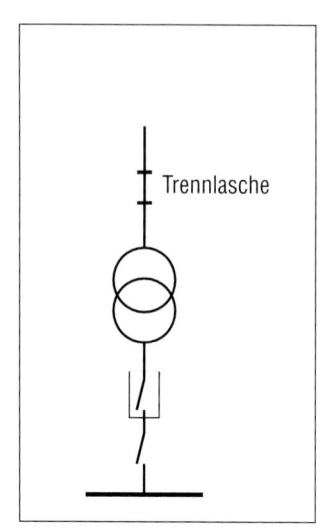

Bild 5.14 Grundschaltbild der Hochspannungsanlage einer Umspannstation im Blockbetrieb Leitung/Transformator

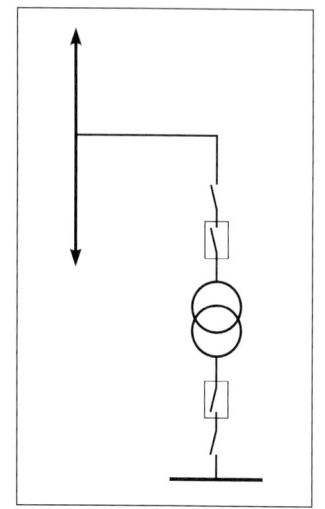

Bild 5.15 Grundschaltbild einer Umspannstation im Hochspannungs-Strahlennetz

Werden mehrere Umspannstationen ohne Hochspannungs-Schaltanlage aus einem Leitungstrahl versorgt, genügt es nicht mehr, die Kommandos des Transformatorschutzes auf den Leistungsschalter in der Transportnetzstation zu geben. Dann würde nach Ausfall eines Transformators das ganze Versorgungsgebiet dieser Leitung spannungslos. Um das zu verhindern, muss auf der Hochspannungsseite des Transformators ein Leistungschalter eingebaut werden (Bild 5.15), auf den die Schutzkommandos wirken. Der Störungsumfang wird so auf das Versorgungsgebiet des fehlerbehafteten Transformators beschränkt.

Damit an diesem Leistungsschalter gearbeitet werden kann, ohne die Hochspannungsleitung während dieser Zeit abschalten zu müssen, ist vor dem Leistungsschalter ein Trennschalter vorzusehen.

Eine einfache Bauform von Schaltanlagen in Hochspannungs-Ring- und Liniennetzen ist in Bild 5.16 dargestellt, die den geschlossenen Betrieb eines Hochspannungsringes erlaubt. Alle fehlerbehafteten Betriebsmittel werden selektiv herausgeschaltet, der jeweilige Störungs-

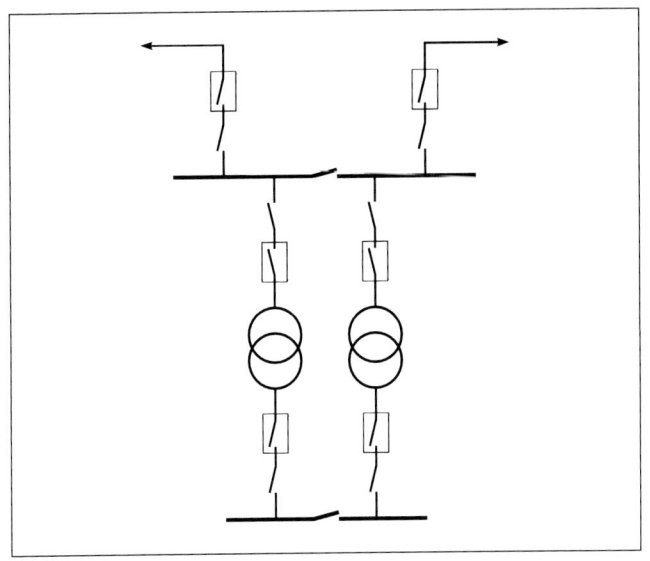

Bild 5.16 Grundschaltbild einer Umspannstation im Hochspannungs-Ringnetz (Liniennetz)

umfang wird auf den Versorgungsbereich des ausgefallenen beschränkt.

An allen Betriebsmitteln kann gearbeitet werden, ohne dass mehr als das betroffene abgeschaltet werden müssen.

5.5.4 Auswahl der optimalen Bauform und Betriebsweise

Die für das Unternehmen optimale Bauform und Betriebsweise der Schaltanlagen wird in einer Systemoptimierung unter Einbeziehung aller Gesichtspunkte – wie mehrfach beschrieben – ausgewählt.

Wie bei allen anderen Standardisierungen sollte auch bei dieser Aufgabe bedacht werden, dass die gewählte Bauform mit Rücksicht auf alle Beteiligten längere Zeit Bestand haben muss. Denn, wechselt Bauform und/oder Betriebsweise, ist vor allem das Betriebspersonal ganz besonders gefordert, wenn in diesem Zusammenhang Bedienungsanleitungen und Betriebsanweisungen geändert wurden.

6 Betrieb von Transformatoren

Alle elektrischen Anlagen müssen von Zeit zu Zeit begangen und auf ihren Zustand kontrolliert werden. Diese Begehungen werden z. T. gesetzlich vorgeschrieben und die zeitlichen Abstände festgelegt. Als Beispiel dafür sei das Wasserhaushaltsgesetz (WHG) genannt.

6.1 Verteilungstransformatoren

Die Kontrolle einer Verteilungsstation umfasst

- den baulichen Zustand der Station
- den Zustand der Niederspannungs-Verteilung
- den Zustand der Mittelspannungs-Schaltanlage
- Belastung der Niederspannungskabel

sowie am Transformator

- dessen äußeren Zustand
- Zustand der Durchführungen
- maximale Öltemperatur
- Dichtheit des Kessels und der Ventile
- maximale Belastung
- Dichtheit der Ölauffang-Vorrichtung
- Zustand der Lüftung

Dabei ist die maximale Öltemperatur der wesentliche Hinweis für die Belastung der Transformatoren und eine wirksame Lüftung eine Voraussetzung für deren geforderte hohe Beanspruchung. Von nicht zu unterschätzender Bedeutung ist bei der Verwendung ölgefüllter Transformatoren deren Dichtheit und die der Ölauffangvorrichtung. Kaum etwas ist unangenehmer als die Suche nach und Beseitigung von ausgelaufenem und versickertem Öl unter einer Anlage!

Die Verteilungstransformatoren (Bemessungsleistung bis 2500 kVA) zeichnen sich durch Langlebigkeit und eine außerordentlich geringe Anzahl von Störungen mit Versorgungsunterbrechung aus. Nach der VDEW-Störungs- und Schadensstatistik liegt deren Häufigkeit unter

Checkliste für Stationsbegehung

Versorgende Umspannstation:................... **Verteilungsstation:**..................

Ortsteil:............................. **Anschrift:**...

Transformatorbelastungen:

Uhrzeit	Trafo 1 S_N= .....kVA		Trafo 2 S_N= .....kVA		Trafo 3 S_N= .....kVA	
	Max.(Öltemp)	Max.(Strom)	Max.(Öltemp)	Max.(Strom)	Max.(Öltemp)	Max.(Strom)

Nach Ablesung Maximumanzeige zurückstellen!

Leitungsbelastungen:

Uhrzeit	Abgang .... J_z=..........A A	Abgang .... J_z=..........A A	Abgang .... J_z=..........A A	Abgang .... J_z=..........A A	Abgang .... J_z=..........A A	Abgang .... J_z=..........A A

Fortsetzung Leitungsbelastungen:

Uhrzeit	Abgang .... J_z=..........A A	Abgang .... J_z=..........A A	Abgang .... J_z=..........A A	Abgang .... J_z=..........A A	Abgang .... J_z=..........A A	Abgang .... J_z=..........A A

Messung mit Zangenwandler

Beobachtungen:

Die Station ist – nicht – reinigungsbedürftig

Äußerlicher Zustand
    Mittelspannungsschaltanlage ....
    Mittelspannungsendverschlüsse ....
    Lasttrenner ....
    HH-Sicherungen ....
    Niederspannungsschaltanlage ....
    Niederspannungsendverschlüsse ....
    NH-Sicherungen ....
    Verteilungstransformatoren.. Ölleck? ......
    Trafo-Durchführungen ....

Baulicher Zustand
    Ölauffangwanne ....
    Dach ....
    Lüftungen ....
    Türen und Schlösser ....

Sonstige Beobachtungen: ....
....

Datum der Begehung: .... Unterschrift ....

Bild 6.1 Checkliste für die Begehung einer Verteilungsstation

0,01/a. Verteilungstransformatoren können deshalb als die zuverlässigsten Betriebsmittel bezeichnet werden. Wegen der niedrigen elektrischen Beanspruchung bringen auch regelmäßige Ölanalysen so gut wie keinen Aufschluss über den inneren Zustand des Verteilungstransformators zumal bei den modernen hermetisch abgeschlossenen Transformatoren das Öl nicht mit der Luft in Berührung kommen kann.

Das Monitoring findet hier keine Verwendung, da der Wert der dafür notwendigen Geräte in keinem vernünftigen Verhältnis zum Wert des Verteilungstransformators steht. Eine stark abgespeckte Methode durch Verwendung eines Betriebsstundenzählers mit lastabhängiger Beeinflussung der Betriebsstundenzahl findet gelegentlich Verwendung, um Aufschluss über die vermutliche Restlebensdauer zu gewinnen.

Das Ergebnis der Kontrollen ist schriftlich festzuhalten. Ein Beispiel eines Protokoll-Vordrucks ist aus Bild 6.1 zu entnehmen.

6.2 Umspannstationen und Hochspannungs-Schaltanlagen

Hier gilt sinngemäß das Gleiche, wie in Verteilungsstationen. Alle Betriebsmittel und Schraubverbindungen in allen Abzweigen müssen einer Sichtkontrolle unterzogen werden. Bei Verdacht auf gelockerte Schraubverbindungen kann zur genaueren Lokalisierung der schadhaften Stelle das Thermovisionsverfahren eingesetzt werden.

In Umspannstationen wird auch der äußere Zustand der Transformatoren und Durchführungen protokolliert, ferner Öltemperatur und -stand, sowie Stufenschalter-Antrieb und Lüftersteuerung.

Auch bei den Leistungstransformatoren ist der Zustand der Ölauffanggrube von äußerster Wichtigkeit. Um ihre Begehung zu Kontrollzwecken zu erleichtern, sollte auf das Abdecken mit feuerhemmendem Schotter, der vor einer Begehung der Ölauffanggrube mühsam abgeräumt werden muss, verzichtet werden. Der Schotter wird durch feuerhemmende Matten ersetzt, die im Handel erhältlich sind.

Die großen Transformatoren (Bemessungsleistung >2500 kVA) sind häufiger als die Verteilungstransformatoren von Störungen betroffen. Meistens liegt die Ursache nicht im aktiven Teil des Transformators, sondern in einem der vielen Zusatzaggregate. Das Schwergewicht einer Inspektion liegt daher bei ihnen.

Tabelle 6.1 Charakteristische Spaltgase[10] nach inneren Fehlern von Transformatoren

Fehler	Schlüsselgase	typische Begleitgase	
		gr. Volumenanteil	kl. Volumenanteil
Lichtbogenentladungen*	H_2, C_2H_2	CH_4, C_2H_4	C_3H_6
Funkenentladungen*	H_2, C_2H_2		CH_4, C_2H_4
Teilentladungen	H_2		CH_4 ($H_2:CH_4>10:1$)
Überhitzung, T>1000°C	C_2H_4	CH_4	H_2, C_2H_2, C_3H_6
dgl., 300°C<T<1000°C	C_2H_4	C_3H_6	CH_4
dgl., T<300°C	C_2H_6	C_3H_8	$CH_4+C_2H_4$

*) Wenn $C_2H_2:H_2 > 3:1$ ist, liegt sehr wahrscheinlich eine Undichtigkeit des Lastschalterkessels vor

Regelmäßige Öl- und Gas-in-Öl-Analysen lassen Rückschlüsse auf den inneren Zustand der Leistungstransformatoren zu. Aus der Zusammensetzung des im Öl gelösten Gases kann auf die Art eines Fehlers noch im Entstehen geschlossen werden (Tab. 6.1).

Die Leistungstransformatoren stellen einen hohen Wert dar. In diesem Zusammenhang stellt sich die Frage, ob nicht die frühzeitige Kenntnis des inneren Zustands das Auftreten von Fehlern vermeiden hilft. Hier kann das Monitoring – off- oder online – vorteilhaft sein. Man sollte aber alle Symptome äußerst kritisch auf ihr Gefährdungspotential beurteilen. Gelegentlich kann ruhiges, risikobewusstes Abwarten mit zwischenzeitlichen Kontrollen der Entwicklung auch Vorteile haben.

6.3 Monitoring

Alle oben beschriebenen Fehler haben bereits zu mehr oder weniger großen Schäden geführt, die entsprechende Reparaturaufwendungen fordern. Vor allem bei den großen, wertvollen und betrieblich unverzichtbaren Transformatoren kann es vorteilhaft sein, bereits entstehende Fehler zu entdecken und so schwerwiegende Folgen durch rechtzeitige Wartung zu vermeiden. Dazu sind Methoden entwickelt worden, die den inneren Zustand des Transformators und seiner Hilfsaggregate frühzeitig erkennen lassen, ohne dass er geöffnet werden muss. So

---

[10] Müller, Gasanalyse, Elektrizitätswirtschaft 1980

kann gegebenenfalls ein Fehler schon im Entstehen beseitigt und eine größere Reparatur vermieden werden. Aber auch die Wartung der Transformatoren wird dadurch beeinflusst. Man kann durch das Monitoring z. B. von der zeitbezogenen zur zustandsorientierten Wartung übergehen und so durch längere Wartungsintervalle Kosten reduzieren. Auch kann man bei entsprechender Überwachung die Transformatoren kurzzeitig mit mehr als Bemessungsleistung belasten, da die thermischen Auswirkungen der Überlastung schnell erkannt werden können.

Die Alterung der Transformatoren ist abhängig von der elektrischen, mechanischen und thermischen Beanspruchung der Öl/Papierisolation. Zu deren Erfassung dienen Sensoren, die auf Zersetzungsprodukte und Gase im Öl reagieren. Des weiteren müssen Spannungen und transiente Vorgänge erfasst werden. Wichtige Anhaltspunkte zum Alterungsverhalten des Transformators liefert die Öltemperatur. Weiterhin liefern die Gas-in-Öl-Analyse, die Feuchtigkeit im Öl und die Überwachung des Stufenschalters (sofern vorhanden) wichtige Hinweise. Alle Angaben müssen zusammengeführt und ausgewertet werden, um eine Aussage über den Zustand des Transformators zu erhalten.

Wie weit das Monitoring angewendet wird, hängt vom Wert des Transformators und seinem Beitrag zur Versorgungszuverlässigkeit ab. So wird es in der Regel genügen, bei Verteilungstransformatoren die Belastungen und deren Dauer zu beobachten und ggf. die Angaben eines Nutzungsdauerzählers heranzuziehen, der die Abschätzung der Restlebensdauer gestattet. Allerdings benötigt man dazu auch die erwartete Lebensdauer des Transformators, die nach den Erfahrungen des Verfassers durchaus 50 bis 70 Jahre betragen kann.

Anders sieht es bei den Großtransformatoren aus. Hier muss Aufwand und Nutzen des Monitorings gegeneinander abgewogen werden. Vor allem bei sich abzeichnenden Fehlern, die nicht durch Reparatur an Wicklung, Kern oder Kessel zu beseitigen sind, sondern vor Ort behoben werden können, bietet dieses Verfahren wirtschaftliche Vorteile. Ist die Reparatur nur im Werk möglich, muss der Aufwand für den Transport und die erhöhte Dauer der Nichtverfügbarkeit in Ansatz gebracht werden. Von Vorteil ist aber immer, dass ein Fehler bereits im Entstehen entdeckt wird und zumindest anpassende Maßnahmen eingeleitet werden können.

Stichwortverzeichnis

A
Anfangslast 35, 41
Auftragsvergabe 27
Ausschreibung 28
Auswahl der optimalen Bauform und Betriebsweise 71

B
Barwertfaktor 34
Beanspruchung 36
Begehung 63
Belastbarkeit des Sternpunktes 15
Belastung, relative 40
belastungsabhängige Sollwertbeeinflussung 56
Bemessungsstrom 33
Benutzungsdauer 22
Berührungsspannung 57
Betriebsdauer 32
Betriebsstoffe 59
Betriebsstundenzähler 75
Betriebstransformator 66

D
Dauerlinie 33
Dichtheit
– Ölauffangvorrichtung 73
– Transformator 73
Diskontierungsfaktor 34
Doppelerdschluss 57
Drehstrontransformator 15
Dreieckschaltung 15
Dreispannungsnetz 54
Dreiwicklungstransformatoren 56

E
Einflüsse auf die Gestaltung von Anlagen und Netzen 54

Engpassleistung 47
Erdkurzschlussströme 58
Erdschlusserfassung 57
Erdschlusskompensation 58
Erdschlussstrom 57
Erfüllungsmatrix 29

G
Geräuschbelästigung 19
Geräuschentwicklung 19, 59
Gewässerschutzverordnung 60

H
Hochspannungs-Schaltanlagen 69, 75
Höchstlast
– zulässige 37, 39, 41
– im Normalbetrieb 35, 41

I
Immissionsschutzgesetz 59
Informationskabel
– Beeinflussung 58

K
Kapital 34
Kapitalwert 36
Kennzahl 16
Körperschall 20
Kühlungsart von Transformatoren 18
Kurzschluss 56
Kurzschlussbeanspruchung 56
Kurzschlussspannung 17, 56
– relative 17

L
Lastanstiegsfaktor 41
Leistungsverluste 31, 40
– lastabhängig 40
– lastunabhängig 40
Liefervereinbarungen 25
Luftschall 20

M
Maschennetz-Relais 63
Mindestnutzungsdauer 52
Monitoring 76
Mussziele 28

N
Netzverluste 31
Normen
– deutsche 23
– europäische 24
– internationale 23
Nutzungsdauer 34, 41

O
Ölauffanggrube 75
Öltemperatur
– maximale 73
optimale Bauform und Betriebsweise 71
Optimierung von Betriebsmitteln 34
Optimierung von Verteilungstransformatoren 40

P
Parallelbetrieb 50
Parallelschaltbedingungen 21
Parallelschaltung von Transformatoren 21

PCB-Verbotsverordnung 59
Planung 31
Präqualifikation 28

R
Regelgeräte 55
Reserve-Leistung 61

S
Schaltanlagen
– Hochspannungs- in Verteilungsstationen 62, 69, 75
Schaltgruppe 16
Schieflast 58
Schrittspannung 57
Sollwertbeeinflussung
– belastungsabhängig 56
Spannungsebenen 54
Spannungshaltung 55
Standardisierung
– von Verteilungstransformatoren 41
Standard-Mittelspannung 55
Stelltransformatoren 17
Sternpunkt
– isolierter 57
Sternpunktbehandlung
– Mittelspannung 57
Sternpunkterdung 58
Sternschaltung 15
Störungsbehebung 39
Stufenschalter 17, 55
Systemoptimierung 55, 71

T
TA Lärm 20
Transformatorenverluste 18, 33
– lastabhängige 33
– lastunabhängige 33

U
Umspannstationen 64
– nicht eigensicher 65

Umweltschutz-Gesetzgebung 59
Unterbrechungsdauer
– hinnehmbare 60

V
Verlustdauer 32
Verluste
– lastabhängige 18
– lastunabhängige 18
Verlustfaktor 32
Verlustkosten 32, 33, 34
 eines Transformators 33
Versorgungsgebiet 38
Verstellung
– automatisch 55
– von Hand 55
Verteilungsstationen 62
Vierspannungsnetz 54
Vierwicklungstransformatoren 57
Vorzugsreihe
– Normen 40

W
Wartung 77
Wasserhaushaltsgesetz 60, 73
Wieder-Einsatzlast 41
Wunschziele 28

Z
Zickzackschaltung 15
Zinsfaktor 34, 41